바쁜 친구들이 즐거워지는 **빠른** 학습법 — 서술형 기본서

징검다리 교육연구소 최순미 지음

나 혼자 푼다!
수학 문장제 초등 5-2

새 교육과정 완벽 반영!
2학기 교과서 순서와 똑같아
공부하기 좋아요!

100점

이지스에듀

저자 소개

최순미 선생님은 징검다리 교육연구소의 대표 저자입니다. 이지스에듀에서 《바쁜 5·6학년을 위한 빠른 연산법》과 《바쁜 3·4학년을 위한 빠른 연산법》, 《바쁜 1·2학년을 위한 빠른 연산법》 시리즈를 집필, 새로운 교육과정에 걸맞은 연산 교재로 새 바람을 불러일으켰습니다. 지난 20여 년 동안 EBS, 디딤돌 등과 함께 100여 종이 넘는 교재 개발에 참여해 왔으며 《EBS 초등 기본서 만점왕》, 《EBS 만점왕 평가문제집》 등의 참고서 외에도 《눈높이수학》 등 수십 종의 교재 개발에 참여해 온, 초등 수학 전문 개발자입니다.

그 동안의 경험을 집대성해, 요즘 학교 시험 서술형을 누구나 쉽게 익힐 수 있는 《나 혼자 푼다! 수학 문장제》 시리즈를 집필했습니다.

징검다리 교육연구소는 적은 시간을 투입해도 오래 기억에 남는 학습의 과학을 생각하는 이지스에듀의 공부 연구소입니다. 아이들이 기계적으로 공부하지 않도록, 두뇌가 활성화되는 과학적 학습 설계가 적용된 책을 만듭니다.

바쁜 초등학생을 위한 빠른 학습법 - 바빠 시리즈

나 혼자 푼다! 수학 문장제 - 5학년 2학기

초판 발행 | 2020년 8월 11일
초판 5쇄 | 2024년 8월 20일
지은이 | 징검다리 교육연구소 최순미
발행인 | 이지연
펴낸곳 | 이지스퍼블리싱(주)
출판사 등록번호 | 제313-2010-123호
주소 | 서울시 마포구 잔다리로 109 이지스 빌딩 5층(우편번호 04003)
대표전화 | 02-325-1722
팩스 | 02-326-1723
이지스퍼블리싱 홈페이지 | www.easyspub.com
이지스에듀 카페 | www.easysedu.co.kr
바빠 아지트 블로그 | blog.naver.com/easyspub
인스타그램 | @easys_edu
페이스북 | www.facebook.com/easyspub2014
이메일 | service@easyspub.co.kr

기획 및 책임 편집 | 박지연, 김현주, 조은미, 정지연, 이지혜
감수 | 한정우
디자인 | 정우영 **전산편집** | 아이에스
일러스트 | 김학수 **인쇄** | 보광문화사
영업 및 문의 | 이주동, 김요한(support@easyspub.co.kr)
마케팅 | 라혜주 **독자 지원** | 박애림

ISBN 979-11-6303-175-8 64410
ISBN 979-11-87370-61-1(세트)
가격 9,800원

• **이지스에듀**는 이지스퍼블리싱(주)의 교육 브랜드입니다.
  이지스에듀는 아이들을 탈락시키지 않고 모두 목적지까지 데리고 가는 정신으로 책을 만듭니다.

서술형 문장제도 나 혼자 푼다!

 ## 새로 개정된 교육과정, 서술의 힘이 중요해진 초등 수학 평가

새로 개정된 교육과정의 핵심은 바로 '4차 산업혁명 시대에 걸맞은 인재 양성'입니다. 어린이가 살아갈 미래 사회가 요구하는 인재 양성을 목표로, 이전의 단순 암기가 아닌 스스로 탐구해 알아가는 과정 중심 평가가 이루어집니다.

과정 중심 평가의 대표적인 유형은 서술형입니다. 수학에서는 단순 계산보다는 실생활과 관련된 문장형 문제가 많이 나오고, 답뿐만 아니라 '풀이 과정'을 평가하는 비중이 대폭 높아집니다.

정답보다 과정이 중요해요! − 문장형 풀이 과정 완벽 반영!

예를 들어, 부산의 초등학교에서 객관식 시험이 사라졌습니다. 주관식 시험도 서술형 위주로 출제되고, '풀이 과정'을 쓰는 문제의 비율도 점점 높아지고 있습니다.

나 혼자 푼다! 수학 문장제는 새 교육과정이 원하는 교육 목표를 충실히 반영한 책입니다! 새 교과서에서 원하는 적정한 난이도의 문제만을 엄선했고, 단계적 풀이 과정을 도입해 어린이 혼자 풀이 과정을 완성하도록 구성했습니다.

부산시교육청의 초등 수학 서술형 시험지.
풀이 과정을 직접 완성해야 한다.

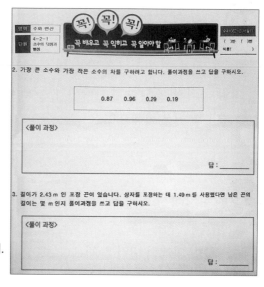

문장제, 옛날처럼 어렵게 공부하지 마세요!

나 혼자 푼다! 수학 문장제는 새 교과서 유형 문장제를 혼자서도 쉽게 연습할 수 있습니다. 요즘 교육청에서는 과도하게 어려운 문제를 내지 못하게 합니다. 이 책에는 옛날 스타일 책처럼 쓸데없이 꼬아 놓은 문제나, 경시 대회 대비 문제집처럼 아이들을 탈락시키기 위한 문제가 없습니다. 진짜 실력이 착착 쌓이고 공부가 되도록 기획된 문장제 책입니다.

또한 문제를 생각하는 과정 순서대로 쉽게 풀어 나가도록 구성했습니다. 단답형 문제부터 서술형 문제까지, 서서히 빈칸을 늘려 가며 풀이 과정과 답을 쓰도록 구성했지요. 요즘 학교 시험 스타일 문장제로, 5학년이라면 누구나 쉽게 도전할 수 있습니다.

 문제가 무슨 말인지 모르겠다면? — 문제를 이해하는 힘이 생겨요!

문장제를 틀리는 가장 큰 이유는 문제를 대충 읽거나, 읽더라도 잘 이해하지 못했기 때문입니다. **나 혼자 푼다! 수학 문장제**는 문제를 정확히 읽도록 숫자에 동그라미를 치고, 구하는 것(주로 마지막 문장)에는 밑줄을 긋는 훈련을 합니다.
문제를 정확하게 읽는 습관을 들이면, 주어진 조건과 구하는 것을 빨리 파악하는 힘이 생깁니다.

 나만의 문제 해결 전략을 떠올려 봐요! — '포스트잇'과 '스케치북'

이 책에는 문제 해결 전략을 찾는 데 도움이 되도록 포스트잇과 스케치북을 제시했습니다. 표 그리기, 그림 그리기, 간단하게 나타내기 등 낙서하듯 자유롭게 정리해 보세요! 나만의 문제 해결 전략을 찾아낼 수 있을 거예요!

 막막하지 않아요! — 빈칸을 채우며 풀이 과정 훈련!

이 책은 풀이 과정의 빈칸을 채우다 보면 식이 완성되고 답이 구해지도록 구성했습니다. 또한 처음 나오는 유형의 풀이 과정은 연한 글씨를 따라 쓰도록 구성해, 막막해지는 상황을 예방해 줍니다.
또한 이 책의 빈칸을 따라 쓰고 채우다 보면 풀이 과정이 훈련돼, 긴 풀이 과정도 혼자서 척척 써 내는 힘이 생깁니다.
수학은 약간만 노력해도 풀 수 있는 문제부터 풀어야 효과적입니다. 어렵지도 쉽지도 않은 딱 적당한 난이도의 **나 혼자 푼다! 수학 문장제**로 스스로 문제를 풀어 보세요. 혼자서 문제를 해결하면, 수학에 자신감이 생기고 어느 순간 수학적 사고력도 향상됩니다. 이렇게 만들어진 문제 해결력은 어떤 수학 문제가 나와도 해결해 내는 힘이 될 거예요!

'나 혼자 푼다! 수학 문장제' 구성과 특징

1. 혼자 푸는데도 선생님이 옆에 있는 것 같아요! — 친절한 도움말이 담겨 있어요.

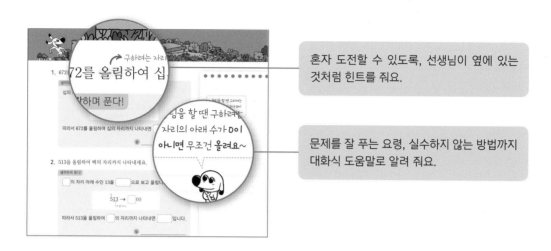

혼자 도전할 수 있도록, 선생님이 옆에 있는 것처럼 힌트를 줘요.

문제를 잘 푸는 요령, 실수하지 않는 방법까지 대화식 도움말로 알려 줘요.

2. 교과서 대표 유형 집중 훈련! — 같은 유형으로 반복 연습해서, 익숙해지도록 도와줘요.

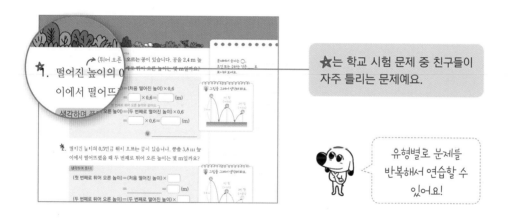

★는 학교 시험 문제 중 친구들이 자주 틀리는 문제예요.

유형별로 문제들 반복해서 연습할 수 있어요!

3. 문제 해결의 실마리를 찾는 훈련! — 조건과 구하는 것을 찾아보세요.

숫자에는 동그라미, 구하는 것(주로 마지막 문장)에는 밑줄 치며 푸는 습관을 들여 보세요. 문제를 정확히 읽고 빨리 이해할 수 있습니다. 소리 내어 문제를 읽는 것도 좋아요!

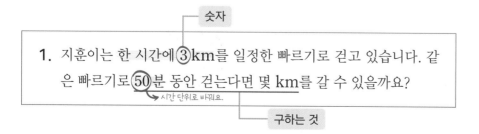

숫자

1. 지훈이는 한 시간에 ③km를 일정한 빠르기로 걷고 있습니다. 같은 빠르기로 �분 동안 걷는다면 몇 km를 갈 수 있을까요?
   시간 단위로 바꿔요.

구하는 것

4. 나만의 해결 전략 찾기! — 스케치북에 낙서하듯 해결 전략을 떠올려 봐요!

스케치북에 낙서하듯 그림을 그리거나 표로 정리해 보면 문제가 더 쉽게 이해되고, 식도 더 잘 세울 수 있어요! 풀이 전략에는 정답이 없으니 나만의 전략을 자유롭게 세워 봐요!

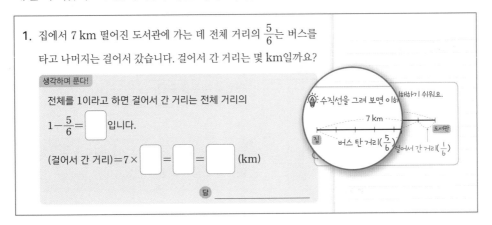

1. 집에서 7 km 떨어진 도서관에 가는 데 전체 거리의 $\frac{5}{6}$는 버스를 타고 나머지는 걸어서 갔습니다. 걸어서 간 거리는 몇 km일까요?

    생각하며 푼다!

    전체를 1이라고 하면 걸어서 간 거리는 전체 거리의

    $1 - \frac{5}{6} = \boxed{}$ 입니다.

    (걸어서 간 거리) $= 7 \times \boxed{} = \boxed{} = \boxed{}$ (km)

    답 _____

    수직선을 그려 보면 이해하기 쉬워요.

    집 ——— 버스 탄 거리($\frac{5}{6}$) ——— 7 km ——— 걸어서 간 거리($\frac{1}{6}$) — 도서관

5. 단계별 풀이 과정 훈련! — 막막했던 풀이 과정을 손쉽게 익힐 수 있어요.

'생각하며 푼다!'의 빈칸을 따라 쓰고 채우다 보면 긴 풀이 과정도 나 혼자 완성할 수 있어요!

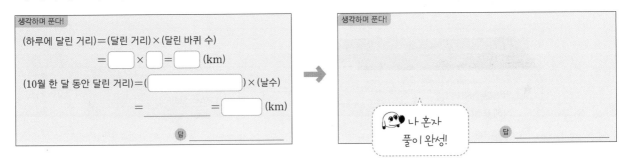

생각하며 푼다!

(하루에 달린 거리) = (달린 거리) × (달린 바퀴 수)

$= \boxed{} \times \boxed{} = \boxed{}$ (km)

(10월 한 달 동안 달린 거리) = ($\boxed{}$) × (날수)

$= \underline{} = \boxed{}$ (km)

답 _____

생각하며 푼다!

나 혼자 풀이 완성!

답 _____

6. 시험에 자주 나오는 문제로 마무리! — 단원평가도 문제없어요!

각 단원마다 시험에 자주 나오는 주요 문장제를 담았어요. 실제 시험을 치르는 것처럼 풀어 보세요!

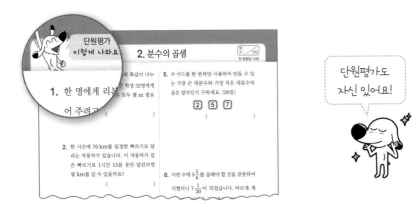

단원평가 이렇게 나와요.

2. 분수의 곱셈

1. 한 명에게 리본 ···· 어 주려고 ···

학생 32명에게 ··· 모두 몇 m 필요

2. 한 시간에 70 km를 일정한 빠르기로 달리는 자동차가 있습니다. 이 자동차가 같은 빠르기로 1시간 15분 동안 달린다면 몇 km를 갈 수 있을까요?

5. 수 카드를 한 번씩만 사용하여 만들 수 있는 가장 큰 대분수와 가장 작은 대분수의 곱은 얼마인지 구하세요. (20점)

[2] [5] [7]

6. 어떤 수에 $5\frac{5}{6}$를 곱해야 할 것을 잘못하여 더했더니 $7\frac{1}{30}$이 되었습니다. 바르게 계

단원평가도 자신 있어요!

6

'나 혼자 푼다! 수학 문장제' 이렇게 공부하세요.

- **다음 친구에게 이 책을 추천해요!**

문제 자체를
이해 못하는 친구

▶ 숫자에 동그라미, 구하는 것에
밑줄 치며 문제를 읽으세요!

풀이 과정 쓰기가
막막한 친구

▶ 빈칸을 채워 가며
풀이 과정을 쉽게 익혀요!

학교 시험을 100점
받고 싶은 친구

▶ 새 교과서 진도에 딱 맞춘 문장제
책으로 학교 시험 서술형까지 OK!

1. 개정된 교과서 진도에 맞추어 공부하려면?

'나 혼자 푼다! 수학 문장제 5-2'는 개정된 수학 교과서에 딱 맞춘 문장제 책입니다. 개정된 교과서의 모든 단원을 다루었으므로 학교 진도에 맞추어 공부하기 좋습니다.

교과서로 공부하고 문장제로 복습하세요. 하루 15분, 2쪽씩, 일주일에 4번 공부하는 것을 목표로 계획을 세워 보세요. 집중해서 공부하고 싶다면 하루 1과씩 풀어도 좋아요.

문장제 책으로 한 학기 수학을 공부하면, 수학 교과서도 더 풍부하게 이해되고 주관식부터 서술형까지 학교 시험도 더 잘 볼 수 있습니다.

2. 문제는 이해되는데, 연산 실수가 잦다면?

문제를 이해하고 식은 세워도 연산 실수가 잦다면, 연산 훈련을 함께하세요! 특히 5학년은 분수를 어려워하는 경우가 많으니, '분수'로 점검해 보세요.

매일매일 꾸준히 연산 훈련을 하고, 일주일에 하루는 '**나 혼자 푼다! 수학 문장제**'를 풀어 보세요.

5학년은
'분수'를
더 많이 풀어요!

바빠 연산법 5 · 6학년 시리즈

 목차

교과서 단원을
확인하세요~

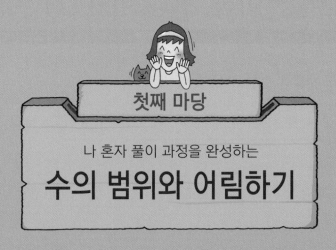

첫째 마당

나 혼자 풀이 과정을 완성하는

수의 범위와 어림하기

첫째 마당에서는 **수의 범위와 어림하기**를 이용한 문장제를 배웁니다.
키와 몸무게를 이상, 이하, 초과, 미만을 이용하여 말해 보세요.
생활 속에서 지폐로 물건값을 계산할 때는 올림을,
동전을 지폐로 바꿀 때는 버림을 하면 편리해요.

수의 범위와 어림하기 생활 속 문장제를 풀고 나면
여러분의 일상생활도 더 편리해질 거예요!

01. 이상, 이하, 초과, 미만 (1) 문장제

1. 다음 수 중에서 6 이상인 수를 모두 찾아 쓰세요.

↑ 같거나 큰

| 1 2 3 4 5 6 7 8 9 |

> 6 이상인 수
>
> 3 4 5 6 7 8 9
> └ 기준인 수 6이
> 포함돼요.

생각하며 푼다!

6 이상인 수는 6과 같거나 [큰] 수이므로 6, [ ], [ ], [ ]입니다.

답 _____

2. 5 이하인 자연수는 모두 몇 개인지 구하세요.

↑ 같거나 작은

> 5 이하인 수
>
> 1 2 3 4 5 6 7
> 기준인 수 5가 포함돼요. ↵

생각하며 푼다!

5 이하인 자연수는 5와 같거나 [ ] 수이므로 _____, 5로 모두 [ ]개입니다.

답 _____ 개

> 단위를 꼭 써요!

3. 12세 초과인 나이를 모두 찾아 쓰세요.

↑ 보다 큰

| 11세   13세   12세   16세 |

> 12 초과인 수
>
> 10 11 12 13 14 15 16
> └ 기준인 수 12가
> 포함되지 않아요.

생각하며 푼다!

12 초과인 수는 12보다 [ ] 수입니다.

따라서 12세 초과인 나이는 12세보다 많은 [ ]세, [ ]세입니다.

답 _____

4. 20 kg 미만인 무게를 모두 찾아 쓰세요.

↑ 보다 작은

| 20 kg   17 kg   21 kg   19 kg |

> 20 미만인 수
>
> 16 17 18 19 20 21 22
> 기준인 수 20이 ┘
> 포함되지 않아요.

생각하며 푼다!

20 미만인 수는 20보다 [ ] 수입니다.

따라서 20 kg 미만인 무게는 20 kg보다 가벼운 [ ] kg, [ ] kg입니다.

답 _____

1. ㉠에 알맞은 수 중에서 가장 큰 자연수를 구하세요.

> 38, 39, 40, 41……은 ㉠ 이상인 수입니다.

생각하며 푼다!

38, 39, 40, 41……은 38과 같거나 큰 수이므로 ☐ 이상인 수
입니다.

따라서 ㉠에 알맞은 수 중에서 가장 큰 자연수는 ☐입니다.

답 _____

㉠ 이상인 수
→ ㉠과 같거나 큰 수

2. ㉠에 알맞은 수 중에서 가장 작은 자연수를 구하세요.

> 74, 73, 72, 71……은 ㉠ 이하인 수입니다.

생각하며 푼다!

74, 73, 72, 71……은 74와 | 같거나 | 수이므로 ☐ 이하
인 수입니다.

따라서 ㉠에 알맞은 수 중에서 가장 작은 자연수는 ☐입니다.

답 _____

㉠ 이하인 수
→ ㉠과 같거나 작은 수

3. ㉠에 알맞은 수 중에서 가장 큰 자연수를 구하세요.

> 54, 55, 56, 57, 58……은 ㉠ 이상인 수입니다.

생각하며 푼다!

답 _____

1. 십의 자리 숫자가 4인 두 자리 수 중에서 45 이하인 수를 모두 구
하세요.
↳ 같거나 작은

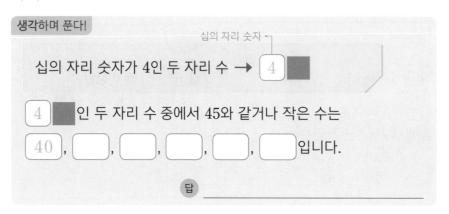

생각하며 푼다!

십의 자리 숫자 ┐

십의 자리 숫자가 4인 두 자리 수 → [4][▦]

[4][▦]인 두 자리 수 중에서 45와 같거나 작은 수는

[40], [ ], [ ], [ ], [ ], [ ] 입니다.

답 _____

모르는 일의 자리 숫자를
▦ 라 하고 두 자리 수를
나타내어 봐요.

2. 일의 자리 숫자가 7인 두 자리 수 중에서 60 초과인 수를 모두 구
하세요.

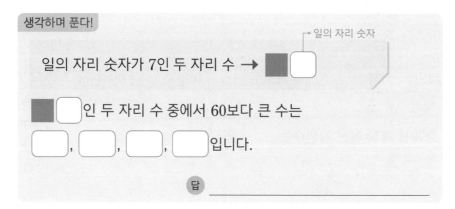

생각하며 푼다!

일의 자리 숫자 ┐

일의 자리 숫자가 7인 두 자리 수 → [▦][ ]

[▦][ ]인 두 자리 수 중에서 60보다 큰 수는

[ ], [ ], [ ], [ ] 입니다.

답 _____

3. 십의 자리 숫자가 9인 두 자리 수 중에서 94 미만인 수를 모두 구
하세요.

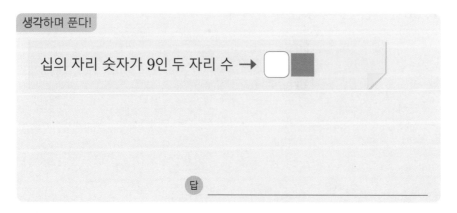

생각하며 푼다!

십의 자리 숫자가 9인 두 자리 수 → [ ][▦]

답 _____

1. 자연수 부분이 1, 소수 둘째 자리 숫자가 5인 소수 두 자리 수 중에서 1.45 이하인 수를 모두 구하세요.

모르는 소수 첫째 자리 숫자를 ■라 하고 소수 두 자리 수를 나타내어 봐요.

생각하며 푼다!

자연수 부분이 1, 소수 둘째 자리 숫자가 5인 소수 두 자리 수

자연수 부분 → 소수 둘째 자리

→ ☐.☐☐

☐.☐☐ 인 소수 두 자리 수 중에서 1.45와 같거나 작은 수는

1.05, ☐, ☐, ☐, ☐ 입니다.

답 _____

2. 자연수 부분이 2, 소수 둘째 자리 숫자가 6인 소수 두 자리 수 중에서 2.3 미만인 수를 모두 구하세요.

2.3=2.30

생각하며 푼다!

자연수 부분이 2, 소수 둘째 자리 숫자가 6인 소수 두 자리 수

자연수 부분 → 소수 둘째 자리

→ ☐.☐☐

☐.☐☐ 인 소수 두 자리 수 중에서 2.3보다 작은 수는

입니다.

답 _____

3. 자연수 부분이 8, 소수 첫째 자리 숫자가 3인 소수 두 자리 수 중에서 8.35 초과인 수를 모두 구하세요.

생각하며 푼다!

답 _____

자연수 부분이 8, 소수 첫째 자리 숫자가 3인 소수 두 자리 수

→ 8.3☐

1. 수학 점수가 80점 이상인 학생의 이름을 모두 쓰세요.

이름	연수	경준	성훈	유라
점수(점)	85	70	80	75

생각하며 푼다!

80 이상인 수는 [ ]과 같거나 [ ] 수입니다.

따라서 80점과 같거나 높은 점수는 [ ]점, [ ]점이므로 수학

점수가 80점 이상인 학생은 [ ], [ ] 입니다.

답 _____

80과 같거나 큰 수

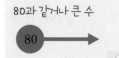

2. 키가 150 cm 미만인 학생의 이름을 모두 쓰세요.

이름	준영	민희	명수	은서
키(cm)	150	140	156	148

생각하며 푼다!

150 미만인 수는 150 보다 [ ] 수입니다.

따라서 150 cm보다 작은 키는 _____ 이므로

키가 150 cm 미만인 학생은 _____ 입니다.

답 _____

150보다 작은 수

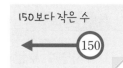

3. 몸무게가 37 kg 초과인 학생의 이름을 모두 쓰세요.

이름	현우	슬기	지민	준호
몸무게(kg)	37.5	36.0	37.2	37.0

생각하며 푼다!

답 _____

37보다 큰 수

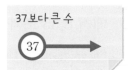

1. TV 프로그램을 시작할 때 나오는 화면입니다. 다음 중 이 프로그램을 볼 수 있는 사람은 모두 몇 명인지 구하세요.

12세 이상	선우	민경	현민	중기	하빈	수연
이 프로그램은 12세 이상이 시청하기에 적절합니다.	9세	16세	11세	12세	7세	14세

생각하며 푼다!

12세와 같거나 많은 나이는 ☐세, ☐세, ☐세입니다.

따라서 프로그램을 볼 수 있는 사람은 모두 ☐명입니다.

답 _____

> 12 이상은 12와 [같거나 큰] 수입니다.

2. 놀이 기구 앞에 적힌 안내문입니다. 다음 중 이 놀이 기구를 탈 수 있는 사람은 모두 몇 명인지 구하세요.

30 kg 초과	영준	주희	서윤	경원	진주
이 놀이 기구는 몸무게가 30 kg 초과인 사람만 탈 수 있습니다.	30.3 kg	27.5 kg	31.7 kg	29.7 kg	28.9 kg

생각하며 푼다!

30 kg보다 무거운 몸무게는 _____ 입니다.

따라서 놀이 기구를 탈 수 있는 사람은 모두 ☐명입니다.

답 _____

> 30 초과는 30 [보다 큰] 수입니다.

3. 육교 앞에 적힌 안내문입니다. 다음과 같이 짐을 실은 트럭 중 이 육교를 통과하지 못하는 트럭은 모두 몇 대인지 구하세요.

4.5 m 이하	트럭 1	트럭 2	트럭 3	트럭 4	트럭 5
이 육교 아래는 높이가 4.5 m 이하인 차량만 지나갈 수 있습니다.	3.8 m	5.1 m	4.5 m	4.7 m	3.5 m ← 높이

생각하며 푼다!

답 _____

> **앗! 실수**
> 통과하지 못하는 트럭을 찾아야 하니까 높이가 4.5 m보다 높은 트럭을 찾으면 돼요.
> 4.5 m 이하의 반대는 4.5 m 초과이니까요.

⭐ 수의 범위를 이상, 이하, 초과, 미만 중에서 알맞은 말을 이용하여 나타내세요. [1-4]

1.

> 5와 같거나 크고, 9와 같거나 작은 수

생각하며 푼다!

5와 같거나 크고 ➡ 5 [이상], 9와 같거나 작은 수 ➡ 9 [이하]인 수

5와 같거나 크고, 9와 같거나 작은 수는 5 ☐ 9 ☐ 인 수입니다.

답 _____

2.

> 20과 같거나 크고, 30보다 작은 수

생각하며 푼다!

20과 같거나 크고 ➡ 20 ☐ , 30보다 작은 수 ➡ _____

20과 같거나 크고, 30보다 작은 수는 _____ 입니다.

답 _____

3.

> 37보다 크고, 64와 같거나 작은 수

생각하며 푼다!

37보다 크고 ➡ _____ , 64와 같거나 작은 수 ➡ _____

37보다 크고, 64와 같거나 작은 수는 _____ 입니다.

답 _____

4.

> 90보다 크고, 100보다 작은 수

생각하며 푼다!

답 _____

1. ㉠과 ㉡에 알맞은 자연수를 각각 구하세요.

> 9, 10, 11, 12는 ㉠ 이상 ㉡ 이하인 자연수입니다.

생각하며 푼다!

9, 10, 11, 12는 9와 같거나 크고 12와 같거나 작은 자연수이므로

[ ] 이상 [ ] 이하인 자연수입니다.

따라서 ㉠=[ ]이고, ㉡=[ ]입니다.

답 ㉠: _____, ㉡: _____

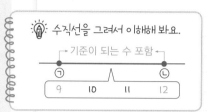

수직선을 그려서 이해해 봐요.

┌→ 기준이 되는 수 포함 ←┐

㉠   ㉡

9   10   11   12

2. ㉠과 ㉡에 알맞은 자연수를 각각 구하세요.

> 24, 25, 26, 27, 28은 ㉠ 이상 ㉡ 이하인 자연수입니다.

생각하며 푼다!

24, 25, 26, 27, 28은 _____

_____ 자연수이므로 [ ] 이상 [ ] 이하인 자연수입니다.

따라서 ㉠=[ ]이고, ㉡=[ ]입니다.

답 ㉠: _____, ㉡: _____

이상, 이하인 수에는
기준이 되는 수가 포함되고,
미만, 초과인 수에는 기준이
되는 수가 포함되지 않아요.

3. ㉠과 ㉡에 알맞은 자연수를 각각 구하세요.

> 40, 41, 42, 43, 44, 45는 ㉠ 이상 ㉡ 이하인 자연수입니다.

생각하며 푼다!

답 ㉠: _____, ㉡: _____

1. 6 이상 11 이하인 자연수는 모두 몇 개인지 구하세요.

생각하며 푼다!

6 이상 11 이하인 자연수

→ 6과 같거나 크고 11과 [   ] 자연수

6 이상 11 이하인 자연수는 [ ] , [ ] , [ ] , [ ] , [ ] , [ ]

로 모두 [ ] 개입니다.
답 _____

한 번 더 정리해 봐요.
기준이 되는 수가
이상, 이하 → 포함 ○
미만, 초과 → 포함 ✕

2. 14 이상 19 미만인 자연수는 모두 몇 개인지 구하세요.

생각하며 푼다!

14 이상 19 미만인 자연수는 [ ] , [ ] , [ ] , [ ] , [ ]

로 모두 [ ] 개입니다.
답 _____

14 이상 19 미만인 자연수
→ 14와 [같거나 크고]
19 [보다 작은] 자연수

3. 27 초과 30 이하인 자연수는 모두 몇 개인지 구하세요.

생각하며 푼다!

27 초과 30 이하인 자연수는 _____

_____ .
답 _____

27 초과 30 이하인 자연수
→ 27보다 크고 30과
같거나 작은 자연수

4. 40 초과 50 미만인 자연수는 모두 몇 개인지 구하세요.

생각하며 푼다!

답 _____

40 초과 50 미만인 자연수
→ 40보다 크고 50보다
작은 자연수

1. ㉠ 이상 10 미만인 자연수는 모두 4개입니다. ㉠에 알맞은 자연
수를 구하세요.

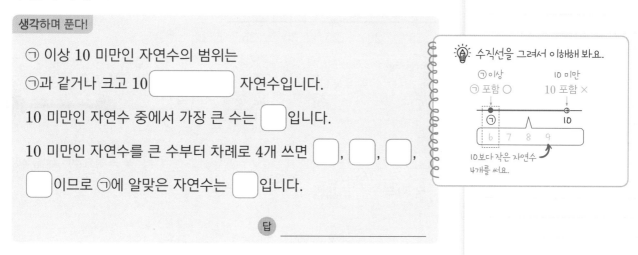

생각하며 푼다!

㉠ 이상 10 미만인 자연수의 범위는

㉠과 같거나 크고 10 [ ] 자연수입니다.

10 미만인 자연수 중에서 가장 큰 수는 [ ] 입니다.

10 미만인 자연수를 큰 수부터 차례로 4개 쓰면 [ ], [ ], [ ],

[ ] 이므로 ㉠에 알맞은 자연수는 [ ] 입니다.

답 _____

💡 수직선을 그려서 이해해 봐요.

㉠ 이상   10 미만
㉠ 포함 ○   10 포함 ✕

| 6 | 7 | 8 | 9 |

10보다 작은 자연수
4개를 써요.

2. 13 초과 ㉠ 미만인 자연수는 모두 7개입니다. ㉠에 알맞은 자연
수를 구하세요.

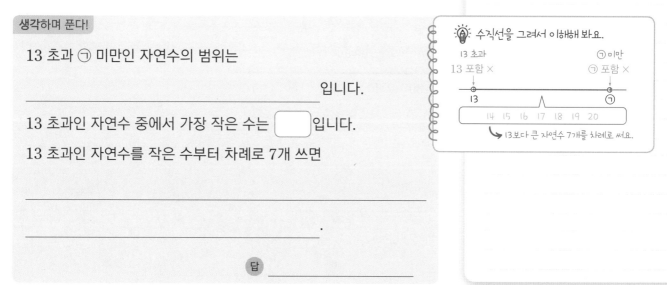

생각하며 푼다!

13 초과 ㉠ 미만인 자연수의 범위는

_____ 입니다.

13 초과인 자연수 중에서 가장 작은 수는 [ ] 입니다.

13 초과인 자연수를 작은 수부터 차례로 7개 쓰면

_____

_____ .

답 _____

💡 수직선을 그려서 이해해 봐요.

13 초과   ㉠ 미만
13 포함 ✕   ㉠ 포함 ✕

13   ㉠

| 14 | 15 | 16 | 17 | 18 | 19 | 20 |

13보다 큰 자연수 7개를 차례로 써요.

⭐ 수직선에 나타낸 수의 범위에 포함되는 자연수는 모두 몇 개인지 구하세요. [1-3]

💬 수의 범위에 포함되는 자연수의 개수를 세지 않고 쉽게 구하는 방법도 있어요.

1.

```
  5   10   15   20   25   30   35
```

생각하며 푼다!

수직선에 나타낸 수의 범위는 15 이상 25 이하 인 수를 나타냅니다.

따라서 자연수는 15, ＿＿＿＿＿＿＿＿＿＿＿＿＿

＿＿＿＿＿＿＿＿＿ 로 모두 ☐ 개입니다.

답 ＿＿＿＿＿＿＿＿＿

2 이상 5 이하

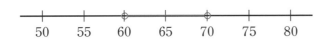

2 포함 ○   5 포함 ○

(자연수 개수)
＝(끝의 수)－(처음 수)＋1
＝5－2＋1＝4(개)

2.

```
  50   55   60   65   70   75   80
```

생각하며 푼다!

수직선에 나타낸 수의 범위는 60 ＿＿＿＿＿＿＿＿＿＿ 인 수를 나타냅니다.

따라서 자연수는 ＿＿＿＿＿＿＿＿＿＿＿＿＿

＿＿＿＿＿＿ 로 모두 ☐ 개입니다.

답 ＿＿＿＿＿＿＿＿＿

2 초과 5 미만

2 포함 ×   5 포함 ×

(자연수 개수)
＝(끝의 수)－(처음 수)－1
＝5－2－1＝2(개)

3.

```
  10   20   30   40   50   60   70
```

생각하며 푼다!

답 ＿＿＿＿＿＿＿＿＿

⭐ 수직선에 나타낸 수의 범위에 포함되는 자연수는 모두 몇 개인지 구하세요. [1-3]

1.

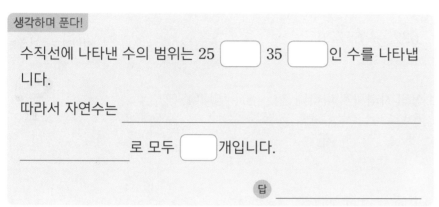

생각하며 푼다!

수직선에 나타낸 수의 범위는 25 ◻ 35 ◻ 인 수를 나타냅니다.

따라서 자연수는 _____

_____ 로 모두 ◻ 개입니다.

답 _____

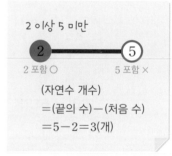

2 초과 5 이하

(자연수 개수)
=(끝의 수)−(처음 수)
=5−2=3(개)

2.

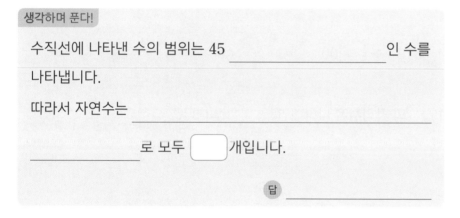

생각하며 푼다!

수직선에 나타낸 수의 범위는 45 _____ 인 수를 나타냅니다.

따라서 자연수는 _____

_____ 로 모두 ◻ 개입니다.

답 _____

2 이상 5 미만

(자연수 개수)
=(끝의 수)−(처음 수)
=5−2=3(개)

3.

생각하며 푼다!

답 _____

구하려는 자리 아래 수를 올려서 나타내는 방법

1. 672를 올림하여 십의 자리까지 나타내세요.

> 생각하며 푼다!
>
> 십의 자리 아래 수인 2를 [10]으로 보고 올립니다.
>
> $$\overset{1}{672} \rightarrow 6\ 8\ 0$$
> └→ 올려요.
>
> 따라서 672를 올림하여 십의 자리까지 나타내면 [ ]입니다.
>
> 답 _____

올림을 할 땐 구하려는
자리의 아래 수가 0이
아니면 무조건 올려요~

2. 513을 올림하여 백의 자리까지 나타내세요.

> 생각하며 푼다!
>
> [ ]의 자리 아래 수인 13을 [ ]으로 보고 올립니다.
>
> $$\overset{1}{513} \rightarrow [\ ]00$$
> └→ 올려요.
>
> 따라서 513을 올림하여 [ ]의 자리까지 나타내면 [ ]입니다.
>
> 답 _____

3. 2745를 올림하여 천의 자리까지 나타내세요.

> 생각하며 푼다!
>
> 천의 자리 아래 수인 _____.
>
> $$\overset{1}{2745} \rightarrow [\ ]000$$
> └→ 올려요.
>
> 따라서 _____
>
> _____. 답 _____

1. 올림하여 십의 자리까지 나타내면 30이 되는 자연수 중에서 가장 큰 수와 가장 작은 수를 각각 구하세요.

구하려는 자리의 아래 수가 0이면 올림을 할 수 없어요.
30 → 30
└ 그대로 써요.

생각하며 푼다!

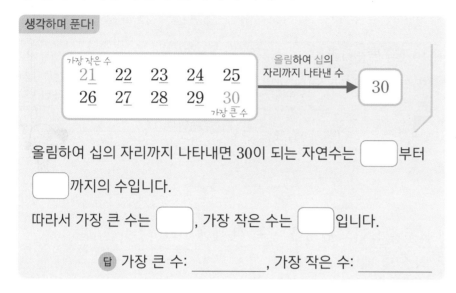

올림하여 십의 자리까지 나타내면 30이 되는 자연수는 ☐부터

☐까지의 수입니다.

따라서 가장 큰 수는 ☐, 가장 작은 수는 ☐입니다.

답 가장 큰 수: _____, 가장 작은 수: _____

2. 올림하여 백의 자리까지 나타내면 300이 되는 자연수 중에서 가장 큰 수와 가장 작은 수를 각각 구하세요.

생각하며 푼다!

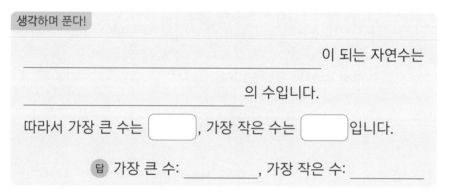

_____ 이 되는 자연수는

_____ 의 수입니다.

따라서 가장 큰 수는 ☐, 가장 작은 수는 ☐입니다.

답 가장 큰 수: _____, 가장 작은 수: _____

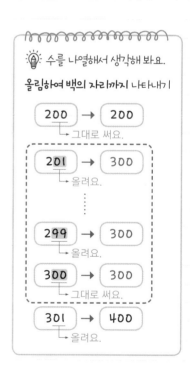

💡 수를 나열해서 생각해 봐요.
올림하여 백의 자리까지 나타내기

200 → 200
└ 그대로 써요.

201 → 300
└ 올려요.
⋮
299 → 300
└ 올려요.

300 → 300
└ 그대로 써요.

301 → 400
└ 올려요.

3. 올림하여 백의 자리까지 나타내면 500이 되는 자연수 중에서 가장 큰 수와 가장 작은 수를 각각 구하세요.

생각하며 푼다!

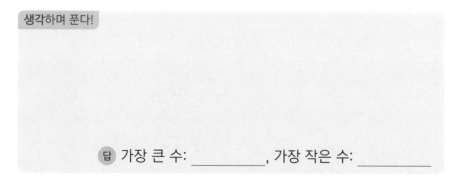

답 가장 큰 수: _____, 가장 작은 수: _____

1. 도넛 ⦰364개⦱를 상자에 모두 담으려고 합니다. 한 상자에 ⦰10개⦱씩
담으려면 상자는 최소 몇 상자 필요할까요?
　　　　　　　↳올림을 이용해요.

문제에서 숫자는 ◯,
조건 또는 구하는 것은 ＿＿로
표시해 보세요.

생각하며 푼다!

도넛 364개를 한 상자에 10개씩 담는다면 [　] 상자에 담고 남은

4개를 담을 상자가 한 상자 더 필요하므로 어림 방법 중 올림을 이

용합니다.

따라서 상자는 최소 [　] +1= [　] (상자) 필요합니다.

답 ＿＿＿＿＿＿＿

최소는 '가장 적게
잡아도'란 뜻이므로
올림을 이용해야 돼요.

2. 오이 729상자를 트럭에 모두 실으려고 합니다. 트럭 한 대에 100
상자씩 실으려면 트럭은 최소 몇 대 필요할까요?

생각하며 푼다!

오이 729상자를 트럭 한 대에 100상자씩 싣는다면 트럭 [　] 대에

싣고 남은 [　] 상자를 실을 트럭 한 대가 더 필요하므로 어림 방

법 중 [　] 을 이용합니다.

따라서 트럭은 최소 ＿＿＿＿＿＿ = [　] (대) 필요합니다.
　　　　　　　　　식을 써요.

답 ＿＿＿＿＿＿＿

3. 귤 1352개를 상자에 모두 담으려고 합니다. 한 상자에 100개씩
담으려면 상자는 최소 몇 상자 필요할까요?

생각하며 푼다!

답 ＿＿＿＿＿＿＿

1. 어느 가게에서 과자를 10개씩 묶음으로만 판다고 합니다. 한 묶음에 5000원이라고 할 때 과자 236개를 산다면 **필요한 돈은 최소 얼마일까요?**

↘ 올림을 이용해요.

묶음으로 파는 물건을 모자라지 않게 사야 하는 경우 최소 수를 구하려면 올림을 이용해요.

생각하며 푼다!

10개씩 묶음 단위로 파는 과자를 사는 경우는 [올 림]을 이용합니다.

236을 [ ] 하여 십의 자리까지 나타내면 [ ]이므로 묶음으로 살 수 있는 과자는 [ ]개입니다.

따라서 [ ]개는 10개씩 [ ] 묶음이므로 필요한 돈은 최소

(묶음 수) × (한 묶음의 값)

= [ ] × 5000 = [ ] (원)입니다.

답 _____

2. 편의점에서 면봉을 100개씩 묶음으로만 판다고 합니다. 한 묶음에 1000원이라고 할 때 면봉 638개를 산다면 **필요한 돈은 최소 얼마일까요?**

생각하며 푼다!

100개씩 묶음 단위로 파는 면봉을 사는 경우는 [ ]을 이용합니다.

638을 [ ] 하여 [ ]의 자리까지 나타내면 [ ]이므로 묶음으로 살 수 있는 면봉은 [ ]개입니다.

따라서 [ ]개는 100개씩 [ ] 묶음이므로 필요한 돈은 최소

(묶음 수) × ([ ])

= _____ = [ ] (원)입니다.

답 _____

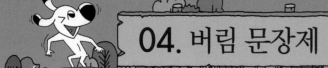

04. 버림 문장제

구하려는 자리 아래 수를 버려서 나타내는 방법

1. 148을 버림하여 십의 자리까지 나타내세요.

> **생각하며 푼다!**
>
> 십의 자리 아래 수인 8을 ⬜으로 보고 버립니다.
>
> $$148 \overset{0}{\rightarrow} 14\boxed{}$$
> ↳ 버려요.
>
> 따라서 148을 버림하여 십의 자리까지 나타내면 ⬜입니다.
>
> 답 _____

버린다는 건 구하려는 자리의 아래 수를 0으로 생각한다는 뜻이에요.

2. 396을 버림하여 백의 자리까지 나타내세요.

> **생각하며 푼다!**
>
> ⬜의 자리 아래 수인 96을 ⬜으로 보고 버립니다.
>
> $$396 \overset{0\ 0}{\rightarrow} 3\boxed{}\boxed{}$$
> ↳ 버려요.
>
> 따라서 396을 버림하여 ⬜의 자리까지 나타내면 ⬜입니다.
>
> 답 _____

3. 8534를 버림하여 천의 자리까지 나타내세요.

> **생각하며 푼다!**
>
> 천의 자리 아래 수인 _____ .
>
> $$8534 \overset{0\ 0\ 0}{\rightarrow} 8\boxed{}\boxed{}\boxed{}$$
> ↳ 버려요.
>
> 따라서 _____
>
> _____ .   답 _____

1. 버림하여 십의 자리까지 나타내면 40이 되는 자연수 중에서 가장 큰 수와 가장 작은 수를 각각 구하세요.

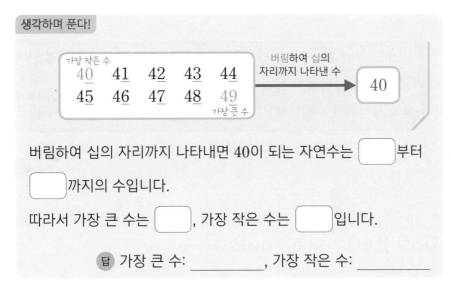

생각하며 푼다!

버림하여 십의 자리까지 나타내면 40이 되는 자연수는 [   ]부터

[   ]까지의 수입니다.

따라서 가장 큰 수는 [   ], 가장 작은 수는 [   ]입니다.

답 가장 큰 수: _____ , 가장 작은 수: _____

구하려는 자리의 아래 수가 0이면 그대로 써 주면 돼요. 0을 버리면 0이니까요~

2. 버림하여 백의 자리까지 나타내면 400이 되는 자연수 중에서 가장 큰 수와 가장 작은 수를 각각 구하세요.

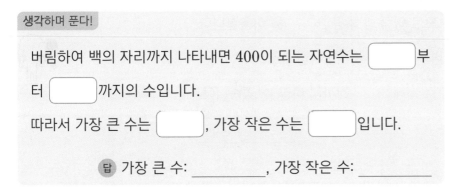

생각하며 푼다!

버림하여 백의 자리까지 나타내면 400이 되는 자연수는 [   ]부터 [   ]까지의 수입니다.

따라서 가장 큰 수는 [   ], 가장 작은 수는 [   ]입니다.

답 가장 큰 수: _____ , 가장 작은 수: _____

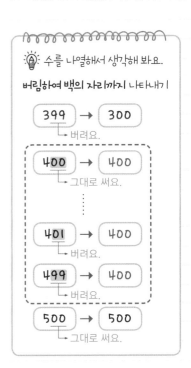

수를 나열해서 생각해 봐요.
버림하여 백의 자리까지 나타내기

399 → 300
└ 버려요.

400 → 400
└ 그대로 써요.

401 → 400
└ 버려요.

499 → 400
└ 버려요.

500 → 500
└ 그대로 써요.

3. 버림하여 백의 자리까지 나타내면 200이 되는 자연수 중에서 가장 큰 수와 가장 작은 수를 각각 구하세요.

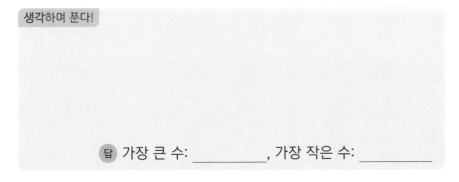

생각하며 푼다!

답 가장 큰 수: _____ , 가장 작은 수: _____

1. 한라봉 876개를 한 상자에 10개씩 담아 팔려고 합니다. 최대 몇 상자까지 팔 수 있을까요?

↳ 버림을 이용해요.

생각하며 푼다!

한라봉 876개를 한 상자에 10개씩 담아 팔면 ☐ 상자에 담고 남은 6개는 팔 수 없으므로 어림 방법 중 버림을 이용합니다.

따라서 876을 ☐ 하여 십의 자리까지 나타내면

876 → ☐ 이므로 최대 ☐ 상자까지 팔 수 있습니다.

답 _____

문제에서 숫자는 ◯,
조건 또는 구하는 것은 ___로
표시해 보세요.

묶음으로 물건을 담아 팔 때 팔 수 있는 물건의 최대 수를 구하려면 버림을 이용해요.

2. 10원짜리 동전으로 1940원이 있습니다. 이 돈을 100원짜리 동전으로 바꾸면 최대 몇 개까지 바꿀 수 있을까요?

생각하며 푼다!

1940원을 100원짜리 동전으로만 바꾸면 ☐ 원을 바꾸고 남은 40원은 바꿀 수 없으므로 어림 방법 중 ☐ 을 이용합니다.

따라서 1940을 버림하여 ☐ 의 자리까지 나타내면

1940 → ☐ 이므로 최대 ☐ 개까지 바꿀 수 있습니다.

답 _____

100원 미만은 100원짜리 동전으로 바꿀 수 없으므로 버림을 이용해야 돼요.

3. 공책 1394권을 한 상자에 100권씩 담아 팔려고 합니다. 최대 몇 상자까지 팔 수 있을까요?

생각하며 푼다!

답 _____

1. 문구점에서 공책 189권을 10권씩 묶어서 모두 팔았습니다. 한 묶음에 6000원씩 받았다면 공책을 판 금액은 얼마일까요?

↪ 버림을 이용해요.

생각하며 푼다!

공책을 10권씩 묶음으로 파는 경우는 버림 을 이용합니다.

189를 □ 하여 십의 자리까지 나타내면 □ 이므로 묶음으로 팔 수 있는 공책은 모두 □ 권입니다.

따라서 □ 권은 10권씩 □ 묶음이므로 공책을 판 금액은

(판 묶음의 수) × (한 묶음의 값)

= □ × □ = □ (원)입니다.

답 _____

10권보다 적으면 묶음으로 팔 수 없어요.

2. 곶감 483개를 한 상자에 100개씩 담아서 모두 팔았습니다. 한 상자에 40000원씩 받았다면 곶감을 판 금액은 얼마일까요?

생각하며 푼다!

곶감을 100개씩 묶음으로 파는 경우는 □ 을 이용합니다.

483을 □ 하여 백의 자리까지 나타내면 □ 이므로 상자로 팔 수 있는 곶감은 모두 □ 개입니다.

따라서 □ 개는 100개씩 □ 상자이므로 곶감을 판 금액은

(판 상자의 수) × (□)

= _____ = □ (원)입니다.

답 _____

구하려는 자리 바로 아래 자리의 숫자가
0, 1, 2, 3, 4이면 버리고, 5, 6, 7, 8, 9이면 올리는 방법

1. 726을 반올림하여 십의 자리까지 나타내세요.

반올림은 바로 아래 자리의
숫자만 살펴보면 돼요.

생각하며 푼다!

십의 자리 바로 아래 숫자인 일의 자리 숫자가 [6]이므로 올립니다.

$$\overset{1}{726} \rightarrow 7\ \boxed{3}\ 0$$
└─→ 일의 자리 숫자가 6이므로 올려요.

따라서 726을 반올림하여 십의 자리까지 나타내면 [   ]입니다.

답 _____

2. 518을 반올림하여 백의 자리까지 나타내세요.

생각하며 푼다!

백의 자리 바로 아래 숫자인 [   ]의 자리 숫자가 [   ]이므로 버립니다.

$$\overset{0\ 0}{518} \rightarrow 5\ \boxed{\ }\ 0$$
└─→ 십의 자리 숫자가 1이므로 버려요.

따라서 518을 반올림하여 [   ]의 자리까지 나타내면 [   ]입니다.

답 _____

3. 2507을 반올림하여 천의 자리까지 나타내세요.

생각하며 푼다!

천의 자리 바로 아래 숫자인 _____

_____ .

$$\overset{1}{2507} \rightarrow \boxed{\ }\ 000$$
└─→ 백의 자리 숫자가 5이므로 올려요.

따라서 _____

_____ .   답 _____

1. 반올림하여 십의 자리까지 나타내면 30이 되는 자연수 중에서 가장 큰 수와 가장 작은 수를 각각 구하세요.

생각하며 푼다!

반올림하여 십의 자리까지 나타내면 30이 되는 자연수는

[ ]부터 [ ]까지의 수입니다.

따라서 가장 큰 수는 [ ], 가장 작은 수는 [ ]입니다.

답 가장 큰 수: _____, 가장 작은 수: _____

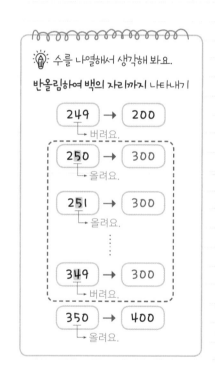

2. 반올림하여 백의 자리까지 나타내면 300이 되는 자연수 중에서 가장 큰 수와 가장 작은 수를 각각 구하세요.

생각하며 푼다!

반올림하여 _____이 되는

자연수는 _____의 수입니다.

따라서 가장 큰 수는 [ ], 가장 작은 수는 [ ]입니다.

답 가장 큰 수: _____, 가장 작은 수: _____

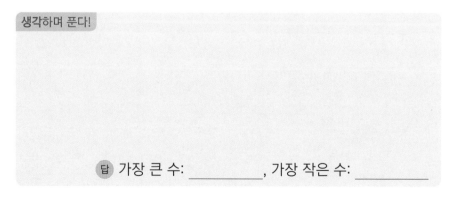

3. 반올림하여 백의 자리까지 나타내면 200이 되는 자연수 중에서 가장 큰 수와 가장 작은 수를 각각 구하세요.

생각하며 푼다!

답 가장 큰 수: _____, 가장 작은 수: _____

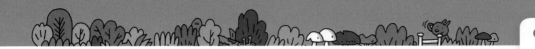

문제에서 숫자는 ○,
조건 또는 구하는 것은 ___로
표시해 보세요.

1. 우리 학교 학생은 436명입니다. 우리 학교 학생 수를 반올림하여 백의 자리까지 나타내세요.

생각하며 푼다!

반올림하여 ☐의 자리까지 나타내면 436의 십의 자리 숫자가 ☐ 이므로 버림합니다.

따라서 우리 학교 학생 수를 반올림하여 백의 자리까지 나타내면

436 → ☐ 이므로 ☐ 명입니다.

답 _____

2. 오늘 놀이공원에 입장한 사람은 1827명입니다. 놀이공원 입장객 수를 반올림하여 천의 자리까지 나타내세요.

생각하며 푼다!

반올림하여 ☐의 자리까지 나타내면 1827의 ☐의 자리 숫자가

☐ 이므로 ☐ 합니다.

따라서 놀이공원 입장객 수를 반올림하여 ☐의 자리까지 나타내

면 1827 → ☐ 이므로 ☐ 명입니다.

답 _____

3. 수현이네 과수원에서 수확한 배는 34958개입니다. 수현이네 과수원에서 수확한 배의 수를 반올림하여 만의 자리까지 나타내세요.

생각하며 푼다!

답 _____

06. 올림, 버림, 반올림 문장제

1. 3.284를 각각 올림, 버림, 반올림하여 소수 첫째 자리까지 나타낸 수 ㉠, ㉡, ㉢ 중 다른 수를 찾아 기호를 쓰세요.

	올림	버림	반올림
3.284	㉠	㉡	㉢

생각하며 푼다!

3.284를 올림하여 소수 첫째 자리까지 나타내면

3.2<u>8</u>4 → ☐ 이므로 ㉠= ☐ 입니다.

3.284를 버림하여 소수 첫째 자리까지 나타내면

3.2<u>8</u>4 → ☐ 이므로 ㉡= ☐ 입니다.

3.284를 반올림하여 소수 첫째 자리까지 나타내면

3.2<u>8</u>4 → ☐ 이므로 ㉢= ☐ 입니다.

따라서 ㉠, ㉡, ㉢ 중 다른 수는 ☐ 입니다.

답 _____

올림과 버림을 할 때
구하려는 자리 아래 수에,
반올림을 할 때 구하려는
자리 바로 아래 숫자에
밑줄을 먼저 그어 봐요.

2. 5.761을 각각 올림, 버림, 반올림하여 소수 둘째 자리까지 나타낸 수 ㉠, ㉡, ㉢ 중 다른 수를 찾아 기호를 쓰세요.

	올림	버림	반올림
5.761	㉠	㉡	㉢

생각하며 푼다!

답 _____

1. 오른쪽 수를 올림하여 백의 자리까지 나타낸 수와 버림하여 백의 자리까지 나타낸 수의 차를 구하세요.

4208

생각하며 푼다!

4208을 올림하여 백의 자리까지 나타낸 수는 □이고,

4208을 버림하여 백의 자리까지 나타낸 수는 □입니다.

따라서 두 수의 차는 □ − □ = □ 입니다.

답 _____

올림과 **버림**을 할 때 구하려는 자리의 아래 **모든 수를 확인**해요.
4208
올림 또는 버림을 해요.

반올림을 할 때 구하려는 자리 **바로 아래 숫자만 확인**해요.
4208 → 4200
십의 자리 숫자가 0이므로 버림을 해요.

2. 오른쪽 수를 올림하여 천의 자리까지 나타낸 수와 반올림하여 천의 자리까지 나타낸 수의 차를 구하세요.

6185

생각하며 푼다!

6185를 올림하여 천의 자리까지 나타낸 수는 □이고,

6185를 반올림하여 천의 자리까지 나타낸 수는 □입니다.

따라서 두 수의 차는 _____ 입니다.

답 _____

3. 오른쪽 수를 반올림하여 십의 자리까지 나타낸 수와 버림하여 백의 자리까지 나타낸 수의 차를 구하세요.

1947

생각하며 푼다!

답 _____

1. 3장의 수 카드를 한 번씩만 사용하여 가장 큰 세 자리 수를 만들었습니다. 만든 세 자리 수를 올림하여 십의 자리까지 나타내세요.

$\boxed{1}$ $\boxed{9}$ $\boxed{2}$

생각하며 푼다!

$\boxed{} > \boxed{} > \boxed{}$ 이므로 가장 큰 세 자리 수를 만들면 $\boxed{}$ 입니다.

따라서 이 수를 올림하여 십의 자리까지 나타내면 $\boxed{}$ 입니다.

답 _____

가장 큰 세 자리 수를 만들 때에는 백, 십, 일의 자리에 큰 수부터 차례로 쓰면 돼요.

2. 3장의 수 카드를 한 번씩만 사용하여 가장 큰 세 자리 수를 만들었습니다. 만든 세 자리 수를 버림하여 백의 자리까지 나타내세요.

$\boxed{8}$ $\boxed{4}$ $\boxed{7}$

생각하며 푼다!

$\boxed{} > \boxed{} > \boxed{}$ 이므로 가장 큰 세 자리 수를 만들면 $\boxed{}$ 입니다.

따라서 이 수를 버림하여 백의 자리까지 나타내면 $\boxed{}$ 입니다.

답 _____

3. 3장의 수 카드를 한 번씩만 사용하여 가장 큰 세 자리 수를 만들었습니다. 만든 세 자리 수를 반올림하여 백의 자리까지 나타내세요.

$\boxed{3}$ $\boxed{6}$ $\boxed{5}$

생각하며 푼다!

답 _____

1. 일의 자리 숫자가 9인 두 자리 수 중에서 40 미만인 수를 모두 구하세요.

( )

2. 수학 점수가 90점 미만인 학생의 이름을 모두 쓰세요.

수학 점수

이름	수현	하영	준하	경수
점수(점)	92	88	90	84

( )

3. 40 초과 50 이하인 자연수는 모두 몇 개인지 구하세요.

( )

4. 수제비누 517개를 상자에 모두 담으려고 합니다. 한 상자에 10개씩 담으려면 상자는 최소 몇 상자 필요할까요?

( )

5. 10원짜리 동전으로 2690원이 있습니다. 이 돈을 100원짜리 동전으로 바꾸면 최대 몇 개까지 바꿀 수 있을까요?

( )

6. 설탕 283 kg을 한 봉지에 10 kg씩 담아서 모두 팔았습니다. 한 봉지에 4000원씩 받았다면 설탕을 판 금액은 얼마일까요? (20점)

( )

7. 과수원에서 수확한 포도는 17486송이입니다. 과수원에서 수확한 포도의 수를 반올림하여 천의 자리까지 나타내세요.

( )

8. 3장의 수 카드를 한 번씩만 사용하여 가장 큰 세 자리 수를 만들었습니다. 만든 세 자리 수를 반올림하여 십의 자리까지 나타내세요. (20점)

2 5 8

( )

둘째 마당

나 혼자 풀이 과정을 완성하는

분수의 곱셈

둘째 마당에서는 **분수의 곱셈을 이용한 문장제**를 배웁니다.

분수의 곱셈은 곱하기 전에 약분을 먼저 하면 수가 간단해져서 계산이 쉬워져요.

분수가 나오는 다양한 생활 속 문장제를 해결해 보세요.

전체의 분수만큼이 얼마인지 구할 때에는 수직선을
이용하면 이해하기 쉬워요. 직접 수직선을 그려 보세요!

1. $\frac{2}{3} \times 4$를 계산하면 얼마일까요?

생각하며 푼다!

분자와 자연수를 곱해요.

$$\frac{2}{3} \times 4 = \frac{2 \times 4}{3} = \frac{\square}{3} = \square$$

분모는 그대로 써요.

분수의 곱셈을 한 다음 **계산 결과는 대분수로 나타내요.**

답 _____

2. $1\frac{3}{7} \times 2$를 계산하면 얼마일까요?

생각하며 푼다!

분자와 자연수를 곱해요.

$$1\frac{3}{7} \times 2 = \frac{10}{7} \times 2 = \frac{\square}{7} = \square$$

대분수를 가분수로 나타내요.

답 _____

3. $\frac{5}{9}$ m의 3배는 몇 m일까요?

↳ 곱셈을 해요.

▲를 ●배 한 수는 ▲×●를 해요.

생각하며 푼다!

$$\frac{5}{9} \times \overset{1}{3} = \frac{\square}{3} = \square$$ 이므로 $\frac{5}{9}$ m의 3배는 $\square$ m입니다.

분모와 자연수를 약분해요.

답 _____ m

단위를 꼭 써요!

4. $1\frac{1}{2}$ L의 5배는 몇 L일까요?

생각하며 푼다!

$$1\frac{1}{2} \times 5 = \underline{\hspace{6cm}}$$ 이므로 $1\frac{1}{2}$ L의 5배는 $\square$ L입니다.

답 _____

1. 한 변의 길이가 $\frac{2}{7}$ m인 정삼각형의 둘레는 몇 <u>m</u>인지 구하세요.

생각하며 푼다!

(정삼각형의 둘레)=(한 변의 길이)×(변의 수)

$$= \boxed{\dfrac{2}{7}} \times \boxed{} = \boxed{} \ (m)$$

답 _____

2. 한 변의 길이가 $1\frac{1}{5}$ m인 정사각형의 둘레는 몇 <u>m</u>인지 구하세요.

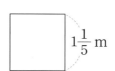

생각하며 푼다!

(정사각형의 둘레)

=(한 변의 길이)×($\boxed{}$)

$$= \boxed{1\dfrac{1}{5}} \times \boxed{} = \boxed{} \times \boxed{} = \boxed{} = \boxed{} \ (m)$$

대분수를 가분수로 나타내요.

답 _____

앗! 실수
대분수와 자연수를 바로 곱할 수는 없어요. 대분수를 가분수로 바꾼 다음 곱해 줘요.

3. 한 변의 길이가 $1\frac{5}{9}$ m인 정오각형의 둘레는 몇 <u>m</u>인지 구하세요.

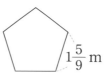

생각하며 푼다!

답 _____

문제에서 숫자는 ○, 조건 또는 구하는 것은 ___로 표시해 보세요.

1. 학생 한 명이 호두파이 한 판의 $\frac{1}{3}$씩 먹으려고 합니다. 8명이 먹

1. 학생 한 명이 호두파이 한 판의 $\frac{1}{3}$씩 먹으려고 합니다. 8명이 먹으려면 호두파이는 모두 몇 판 필요할까요?

↳ 곱셈을 해요.

문제에서 숫자는 ◯, 조건 또는 구하는 것은 ___로 표시해 보세요.

생각하며 푼다!

(필요한 호두파이 수)=(한 명이 먹을 호두파이 수)×(사람 수)

$$= \boxed{} \times \boxed{} = \boxed{} = \boxed{} \text{(판)}$$

답 _____

2. 과자 한 상자의 무게는 $\frac{7}{8}$ kg입니다. 과자 6상자의 무게는 모두 몇 kg일까요?

생각하며 푼다!

(전체 과자의 무게)=(과자 한 상자의 무게)×(상자 수)

$$= \underline{} = \boxed{} = \boxed{} \text{(kg)}$$

분모와 자연수를 약분해요.

답 _____

곱하기 전에 분모와 자연수를 약분하면 수가 간단해져서 계산이 훨씬 쉬워져요.

3. 식혜가 한 병에 $1\frac{1}{6}$ L씩 들어 있습니다. 12병에 들어 있는 식혜는 모두 몇 L일까요?

생각하며 푼다!

답 _____

1. 주연이는 수영 연습을 $\dfrac{2}{5}$ km씩 6번 하였습니다. 주연이가 수영 연습을 한 거리는 모두 몇 km일까요?

생각하며 푼다!

(전체 수영 연습을 한 거리)

=(한 번에 수영 연습을 한 거리)×(횟수)

= ☐ × ☐ = ☐ = ☐ (km)

답 _____

2. 지성이는 운동장을 매일 $\dfrac{3}{4}$ km씩 달렸습니다. 지성이가 운동장을 15일 동안 달린 거리는 모두 몇 km일까요?

생각하며 푼다!

(전체 운동장을 달린 거리)

=(하루에 운동장을 달린 거리)×(날수)

= _____ = ☐ = ☐ (km)
　　　식을 쓰요.

답 _____

3. 성훈이는 자전거를 타고 둘레가 $2\dfrac{1}{3}$ km인 공원을 4바퀴 돌았습니다. 성훈이가 공원을 돈 거리는 모두 몇 km일까요?

생각하며 푼다!

답 _____

08. (자연수)×(진분수), (자연수)×(대분수) 문장제

1. 6의 $\frac{3}{5}$은 얼마일까요?

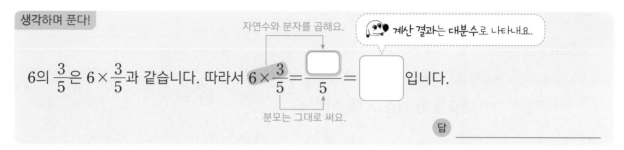

생각하며 푼다!

자연수와 분자를 곱해요.

계산 결과는 대분수로 나타내요.

6의 $\frac{3}{5}$은 $6 \times \frac{3}{5}$과 같습니다. 따라서 $6 \times \frac{3}{5} = \dfrac{\boxed{}}{5} = \boxed{}$입니다.

분모는 그대로 써요.

답 _____

2. 3의 $2\frac{1}{2}$은 얼마일까요?

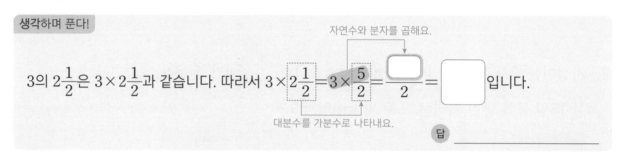

생각하며 푼다!

자연수와 분자를 곱해요.

3의 $2\frac{1}{2}$은 $3 \times 2\frac{1}{2}$과 같습니다. 따라서 $3 \times 2\frac{1}{2} = 3 \times \frac{5}{2} = \dfrac{\boxed{}}{2} = \boxed{}$입니다.

대분수를 가분수로 나타내요.

답 _____

3. 1시간은 60분입니다. 1시간의 $\frac{5}{6}$는 몇 분일까요?

생각하며 푼다!

1시간의 $\frac{5}{6}$는 $\boxed{}$분의 $\frac{5}{6}$이므로 $\boxed{} \times \frac{5}{6}$(분)과 같습니다.

따라서 $\overset{10}{60} \times \dfrac{5}{\underset{1}{6}} = \boxed{} \times 5 = \boxed{}$(분)이므로 1시간의 $\frac{5}{6}$는 $\boxed{}$분입니다.

자연수와 분모를 약분해요.

답 _____ 분

단위를 꼭 써요!

4. 1 m는 100 cm입니다. 1 m의 $1\frac{2}{5}$는 몇 cm일까요?

생각하며 푼다!

1 m의 $1\frac{2}{5}$는 $\boxed{}$ cm의 $1\frac{2}{5}$이므로 $\boxed{} \times 1\frac{2}{5}$ (cm)와 같습니다.

따라서 $100 \times 1\frac{2}{5} = $ _____ (cm)이므로

1 m의 $1\frac{2}{5}$는 $\boxed{}$ cm입니다.

답 _____

1. 어떤 수는 9의 $\frac{2}{3}$입니다. 어떤 수의 $1\frac{4}{7}$는 얼마일까요?

생각하며 푼다!

(어떤 수)$=\left(9$의 $\frac{2}{3}\right)=\overset{\square}{9}\times\frac{2}{\underset{\square}{3}}=\boxed{}$

$\left($어떤 수의 $1\frac{4}{7}\right)$

$=\boxed{}\times\boxed{}=\boxed{}\times\boxed{}=\dfrac{\boxed{}}{7}=\boxed{}$

대분수를 가분수로 나타내요.

답 _____

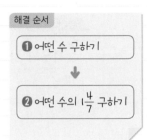

해결 순서

❶ 어떤 수 구하기

↓

❷ 어떤 수의 $1\frac{4}{7}$ 구하기

2. 어떤 수는 21의 $\frac{6}{7}$입니다. 어떤 수의 $3\frac{1}{3}$은 얼마일까요?

생각하며 푼다!

(어떤 수)$=\left(21$의 $\frac{6}{7}\right)=$ _____

$\left($어떤 수의 $3\frac{1}{3}\right)=$ _____

답 _____

3. 어떤 수는 36의 $\frac{5}{6}$입니다. 어떤 수의 $1\frac{3}{10}$은 얼마일까요?

생각하며 푼다!

답 _____

1. 지우는 색종이 ㊵장 중에서 $\frac{3}{5}$을 사용했습니다. 지우가 사용한 색종이는 몇 장일까요?

문제에서 숫자는 ◯,
조건 또는 구하는 것은 ____로
표시해 보세요.

생각하며 푼다!

(지우가 사용한 색종이 수)=(전체 색종이 수)× □

$= 40 \times \dfrac{\square}{5} = \square$(장)

답 _____

💡 수직선을 그려 보면 이해하기 쉬워요.
색종이 40장
사용한 색종이($\frac{3}{5}$)

2. 우리 반 학생 32명 중에서 $\frac{3}{8}$이 안경을 썼습니다. 우리 반 학생 중 안경을 쓴 학생은 몇 명일까요?

생각하며 푼다!

([   ])=(전체 학생 수)× □

$= \underline{\hphantom{xxxxxxxxx}} = \square$(명)

자연수와 분모를 약분해요.

답 _____

💡 수직선을 그려서 생각해 봐요.
학생 □명

3. 민지는 96쪽짜리 과학책을 전체의 $\frac{5}{8}$만큼 읽었습니다. 민지가 읽은 과학책은 몇 쪽일까요?

생각하며 푼다!

답 _____

곱하기 전에 자연수와
분모를 약분하면
수가 간단해져서
계산이 훨씬 쉬워져요.

1. 집에서 7 km 떨어진 도서관에 가는 데 전체 거리의 $\frac{5}{6}$는 버스를 타고 나머지는 걸어서 갔습니다. 걸어서 간 거리는 몇 km일까요?

생각하며 푼다!

전체를 1이라고 하면 걸어서 간 거리는 전체 거리의

$1-\frac{5}{6}=$ ☐ 입니다.

(걸어서 간 거리)$=7\times$ ☐ $=$ ☐ $=$ ☐ (km)

답 _____

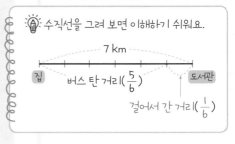
수직선을 그려 보면 이해하기 쉬워요.

2. 서진이네 반 여학생 15명 중 $\frac{2}{5}$가 방송댄스를 배웁니다. 서진이네 반 여학생 중 방송댄스를 배우지 않는 여학생은 몇 명일까요?

생각하며 푼다!

전체를 ☐ 이라고 하면 서진이네 반 여학생 중에서 방송댄스를

배우지 않는 여학생은 전체 여학생의 $1-$ ☐ $=$ ☐ 입니다.

(방송댄스를 배우지 않는 여학생 수)$=$ _____ $=$ ☐ (명)

자연수와 분모를 약분해요.

답 _____

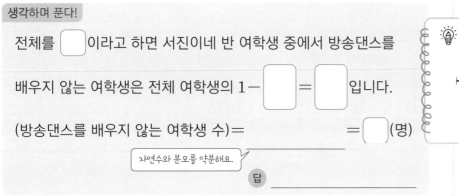
수직선을 그려서 생각해 봐요.
여학생 ☐ 명

3. 바둑돌이 22개 있습니다. 이 중에서 $\frac{5}{11}$는 흰색 바둑돌이고 나머지는 검은색 바둑돌입니다. 검은색 바둑돌은 몇 개일까요?

생각하며 푼다!

답 _____

전체를 1로 보고 계산해요.

1. 선물을 포장하는 데 끈이 **4 m**의 $\frac{6}{7}$배가 필요합니다. 선물을 포장

   하는 데 필요한 끈의 길이는 몇 m일까요?

   $\searrow 4 \times \frac{6}{7}$

문제에서 숫자는 ◯,
조건 또는 구하는 것은 ___로
표시해 보세요.

   생각하며 푼다!

   (선물을 포장하는 데 필요한 끈의 길이)

   $= 4 \times$ ☐ $=$ ☐ $=$ ☐ (m)

   답 _____

▲를 ●배 한 수는
▲×●를 해요.

2. 현수네 집에서 우체국까지의 거리는 3 km이고, 우체국에서 야구

   경기장까지의 거리는 현수네 집에서 우체국까지의 거리의 $3\frac{1}{4}$

   배입니다. 우체국에서 야구 경기장까지의 거리는 몇 km일까요?

   생각하며 푼다!

   (우체국에서 [   ]까지의 거리)

   $=$ ◯ $\times$ ☐ $=$ ◯ $\times$ ☐ $=$ ☐ $=$ ☐ (km)

   대분수를 가분수로 나타내요.

   답 _____

3. 민재의 몸무게는 40 kg이고, 아버지의 몸무게는 민재의 몸무게

   의 $1\frac{4}{5}$배입니다. 아버지의 몸무게는 몇 kg일까요?

   생각하며 푼다!

   답 _____

1. 지훈이는 한 시간에 3 km를 일정한 빠르기로 걷고 있습니다. 같은 빠르기로 50분 동안 걷는다면 몇 km를 갈 수 있을까요?

↳ 시간 단위로 바꿔요.

생각하며 푼다!

50분 = $\dfrac{\boxed{}}{60}$ 시간 = $\boxed{}$ (기약분수) 시간입니다.

(50분 동안 가는 거리) = $\overset{\boxed{}}{\underset{\boxed{}}{3}} \times \dfrac{\boxed{}}{6} = \boxed{} = \boxed{}$ (km)

답 _____

앗! 실수
3 km는 한 시간 동안 걷는 거리예요. 먼저 50분을 시간 단위로 바꿔야 해요.

2. 한 시간에 80 km를 일정한 빠르기로 달리는 자동차가 같은 빠르기로 1시간 45분 동안 달린다면 몇 km를 갈 수 있을까요?

생각하며 푼다!

1시간 45분 = $1\dfrac{\boxed{}}{60}$ 시간 = $\boxed{}$ (기약분수) 시간입니다.

(1시간 45분 동안 가는 거리)

= $80 \times \boxed{} = \underline{} = \boxed{}$ (km)

자연수와 분모를 약분해요.

답 _____

3. 한 시간에 75 km를 일정한 빠르기로 달리는 자동차가 같은 빠르기로 1시간 12분 동안 달린다면 몇 km를 갈 수 있을까요?

생각하며 푼다!

답 _____

09. (진분수)×(진분수) 문장제

1. $\dfrac{3}{7}$의 $\dfrac{1}{4}$은 얼마일까요?

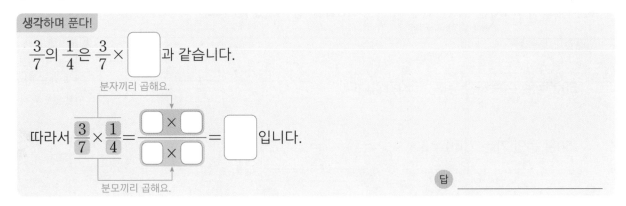

생각하며 푼다!

$\dfrac{3}{7}$의 $\dfrac{1}{4}$은 $\dfrac{3}{7} \times$ ☐ 과 같습니다.

분자끼리 곱해요.

따라서 $\dfrac{3}{7} \times \dfrac{1}{4} = \dfrac{☐ \times ☐}{☐ \times ☐} = $ ☐ 입니다.

분모끼리 곱해요.

답 _____

2. $\dfrac{4}{9}$의 $\dfrac{6}{7}$은 얼마일까요?

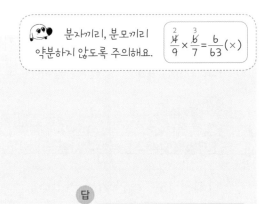

분자끼리, 분모끼리 약분하지 않도록 주의해요. $\dfrac{\overset{2}{\cancel{4}}}{9} \times \dfrac{\overset{3}{\cancel{6}}}{7} = \dfrac{6}{63}(\times)$

생각하며 푼다!

$\dfrac{4}{9}$의 $\dfrac{6}{7}$은 ☐ × ☐ 과 같습니다.

따라서 $\dfrac{4}{\underset{3}{\cancel{9}}} \times \dfrac{\overset{2}{\cancel{6}}}{7} = \dfrac{☐ \times ☐}{☐ \times ☐} = $ ☐ 입니다.

분모와 분자를 약분해요.

답 _____

3. $\dfrac{1}{2}$ L의 $\dfrac{3}{8}$은 몇 L일까요?

생각하며 푼다!

$\dfrac{1}{2} \times \dfrac{3}{8} = \dfrac{☐ \times}{☐ \times} = $ ☐ 이므로 $\dfrac{1}{2}$ L의 $\dfrac{3}{8}$은 ☐ L입니다.

답 _____ L

단위를 꼭 써요!

4. $\dfrac{2}{3}$ m의 $\dfrac{5}{7}$는 몇 m일까요?

생각하며 푼다!

$\dfrac{2}{3} \times \dfrac{5}{7} = \dfrac{☐ \times}{☐ \times} = $ ☐ 이므로 $\dfrac{2}{3}$ m의 $\dfrac{5}{7}$는 ☐ m입니다.

답 _____

1. 유민이네 반 학급문고에 있는 책의 $\frac{1}{4}$은 위인전이고 위인전의
$\frac{3}{7}$은 세계위인전입니다. 세계위인전은 학급문고에 있는 책 전체
의 몇 분의 몇일까요?

문제에서 숫자는 ○,
조건 또는 구하는 것은 ___로
표시해 보세요.

전체의 $\frac{1}{4}$

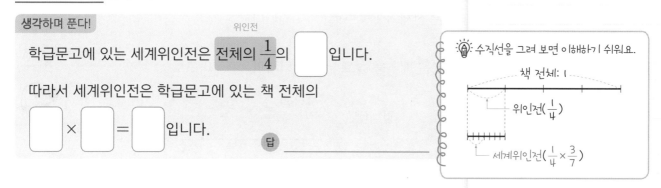

생각하며 푼다!

위인전

학급문고에 있는 세계위인전은 전체의 $\frac{1}{4}$의 ☐ 입니다.

따라서 세계위인전은 학급문고에 있는 책 전체의

☐ × ☐ = ☐ 입니다.

답 _____

수직선을 그려 보면 이해하기 쉬워요.

책 전체: 1

위인전($\frac{1}{4}$)

세계위인전($\frac{1}{4} \times \frac{3}{7}$)

2. 현아네 집 마당의 $\frac{4}{5}$에 꽃을 심으려고 합니다. 그중 $\frac{1}{3}$에 나팔꽃
을 심는다면 나팔꽃을 심을 부분은 마당 전체의 몇 분의 몇일까요?

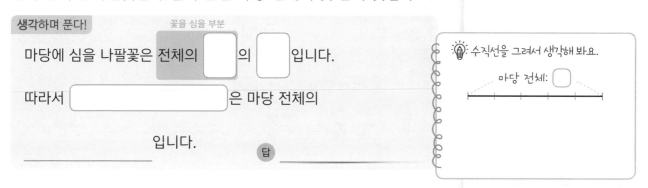

생각하며 푼다!

꽃을 심을 부분

마당에 심을 나팔꽃은 전체의 ☐ 의 ☐ 입니다.

따라서 ☐ 은 마당 전체의

☐ 입니다.

답 _____

수직선을 그려서 생각해 봐요.

마당 전체: ☐

3. 윤우네 반 학생의 $\frac{5}{9}$는 수학을 좋아하고 수학을 좋아하는 학생 중
$\frac{1}{2}$은 바빠연산법으로 수학을 공부합니다. 윤우네 반에서 수학을
좋아하는 학생 중 바빠연산법으로 수학을 공부하는 학생은 전체
학생의 몇 분의 몇일까요?

생각하며 푼다!

답 _____

1. 밭 전체의 $\frac{1}{4}$에는 배추를 심었고, 나머지의 $\frac{5}{8}$에는 감자를 심었습니다. 감자를 심은 부분은 전체의 몇 분의 몇일까요?

   $\downarrow 1-\frac{1}{4}$

문제에서 숫자는 ◯,
조건 또는 구하는 것은 ___로
표시해 보세요.

배추를 심고 남은 나머지는
밭 전체를 1로 보고 배추를
심은 부분을 빼면 돼요.

생각하며 푼다!

배추를 심고 남은 부분은 전체의 $1-\frac{1}{4}=$ ⬜ 입니다.

따라서 감자를 심은 부분은 배추를 심고 남은 나머지의 ⬜ 이므로

전체의 ⬜ × ⬜ = ⬜ 입니다. 답 _____

2. 시훈이는 동화책을 어제는 전체의 $\frac{2}{9}$를 읽었고, 오늘은 그 나머지의 $\frac{1}{5}$을 읽었습니다. 오늘 읽은 동화책은 전체의 몇 분의 몇일까요?

생각하며 푼다!

어제 읽고 남은 동화책은 전체의 $1-$ ⬜ $=$ ⬜ 입니다.

따라서 [_____]은 어제 읽고 남은 나머지의 ⬜ 이

므로 전체의 _____ 입니다.

답 _____

3. 재영이는 식혜를 어제는 전체의 $\frac{3}{14}$을 마셨고, 오늘은 그 나머지의 $\frac{2}{9}$를 마셨습니다. 오늘 마신 식혜는 전체의 몇 분의 몇일까요?

생각하며 푼다!

답 _____

1. 서희네 반 학생은 30명입니다. 그중에서 $\frac{7}{15}$은 여학생이고, 여학
   생 중에서 $\frac{1}{2}$은 피아노를 연주할 수 있습니다. 서희네 반 학생 중
   피아노를 연주할 수 있는 여학생은 몇 명일까요?

   생각하며 푼다!

   피아노를 연주할 수 있는 여학생은 전체 학생의 $\frac{7}{15}$ × □ 입니다.

   여학생 수

   (서희네 반 학생 중 피아노를 연주할 수 있는 여학생 수)

   =(전체 학생 수) × □ × □

   = □ × □ × □ = □ (명)

   자연수와 분모를 약분해요.

   답 _____

   곱하기 전에 약분하면
   계산이 훨씬 간단해져요.

2. 우리 학교 학생은 240명입니다. 그중에서 $\frac{7}{12}$은 남학생이고, 남
   학생 중에서 $\frac{3}{10}$은 수학을 좋아합니다. 우리 학교 학생 중 수학을
   좋아하는 남학생은 몇 명일까요?

   생각하며 푼다!

   수학을 좋아하는 남학생은 전체 학생의 □ × □ 입니다.

   남학생 수

   (우리 학교 학생 중 _____)

   =(전체 학생 수) × □ × □

   = _____ = □ (명)

   답 _____

10. (대분수)×(대분수) 문장제

1. $1\frac{2}{3}$의 $3\frac{1}{2}$배는 얼마일까요?

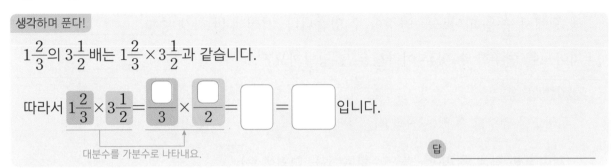

생각하며 푼다!

$1\frac{2}{3}$의 $3\frac{1}{2}$배는 $1\frac{2}{3} \times 3\frac{1}{2}$과 같습니다.

따라서 $1\frac{2}{3} \times 3\frac{1}{2} = \dfrac{\square}{3} \times \dfrac{\square}{2} = \boxed{} = \boxed{}$ 입니다.

대분수를 가분수로 나타내요.

답 _____

2. $5\frac{1}{3}$의 $2\frac{3}{8}$배는 얼마일까요?

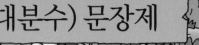

대분수는 반드시 가분수로 나타낸 다음 약분해요.

$5\frac{1}{3} \times 2\frac{3}{8} = 10\frac{1}{8} (\times)$

생각하며 푼다!

$5\frac{1}{3}$의 $2\frac{3}{8}$배는 $\boxed{} \times \boxed{}$ 과 같습니다.

따라서 $5\frac{1}{3} \times 2\frac{3}{8} = \dfrac{\overset{2}{16}}{\square} \times \dfrac{\square}{\underset{1}{8}} = \boxed{} = \boxed{}$ 입니다.

대분수를 가분수로 나타내요.

답 _____

3. $34\frac{1}{2}$ kg의 $1\frac{1}{3}$배는 몇 kg일까요?

생각하며 푼다!

$34\frac{1}{2} \times 1\frac{1}{3} = $ _____ 이므로 $34\frac{1}{2}$ kg의 $1\frac{1}{3}$배는 $\boxed{}$ kg입니다.

답 _____ kg

단위를 꼭 써요!

4. 가로가 $1\frac{1}{4}$ m, 세로가 $2\frac{6}{7}$ m인 직사각형의 넓이는 몇 m²일까요?

생각하며 푼다!

답 _____

1. 가로가 $2\frac{1}{7}$ m, 세로가 $2\frac{1}{10}$ m인 직사각형의 $\frac{3}{5}$ 을 잘라 냈습니다. 잘라 낸 부분의 넓이는 몇 m²일까요?

문제에서 숫자는 ◯,
조건 또는 구하는 것은 ___로
표시해 보세요.

생각하며 푼다!

(직사각형의 넓이)

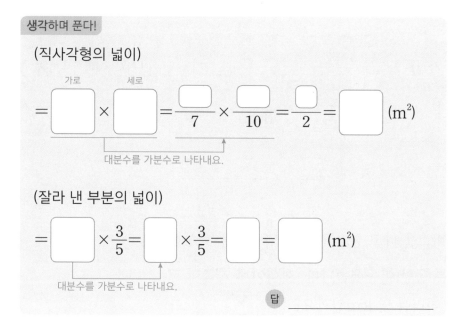

$$= \boxed{} \times \boxed{} = \frac{\boxed{}}{7} \times \frac{\boxed{}}{10} = \frac{\boxed{}}{2} = \boxed{} \ (\text{m}^2)$$

대분수를 가분수로 나타내요.

(잘라 낸 부분의 넓이)

$$= \boxed{} \times \frac{3}{5} = \boxed{} \times \frac{3}{5} = \boxed{} = \boxed{} \ (\text{m}^2)$$

대분수를 가분수로 나타내요.

답 _____

잘라 낸 부분의 넓이를
(가로) × (세로) × $\frac{3}{5}$ 으로
식을 세워 한 번에
계산할 수도 있어요.

2. 밑변의 길이가 $3\frac{3}{4}$ m, 높이가 $1\frac{4}{5}$ m인 평행사변형의 $\frac{2}{9}$ 를 잘라 냈습니다. 잘라 낸 부분의 넓이는 몇 m²일까요?

생각하며 푼다!

(평행사변형의 넓이)

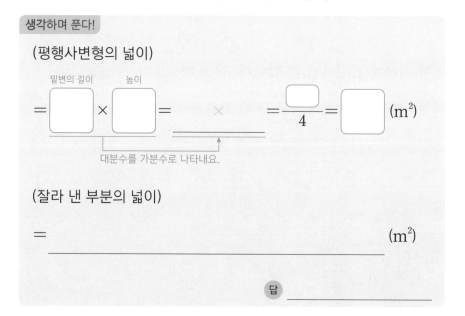

$$= \boxed{} \times \boxed{} = \underline{} \times = \frac{\boxed{}}{4} = \boxed{} \ (\text{m}^2)$$

대분수를 가분수로 나타내요.

(잘라 낸 부분의 넓이)

$$= \underline{} \ (\text{m}^2)$$

답 _____

곱하기 전에
약분이 되면 약분!
계산 결과는
대분수로 나타내요.

1. 연수네 가족은 자동차를 타고 한 시간에 $60\frac{3}{5}$ km를 이동하는 빠르기로 1시간 40분 동안 이동했습니다. 연수네 가족이 자동차를 타고 이동한 거리는 몇 km일까요?

↳ 시간 단위로 바꿔요.

문제에서 숫자는 ○, 조건 또는 구하는 것은 ___로 표시해 보세요.

생각하며 푼다!

(자동차를 타고 이동한 거리)

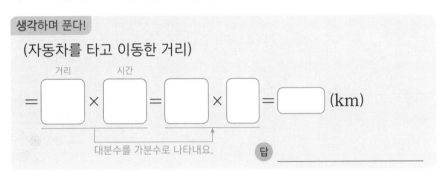

$$= \boxed{} \times \boxed{} = \boxed{} \times \boxed{} = \boxed{} \text{ (km)}$$

거리   시간

대분수를 가분수로 나타내요.

답 _____

1시간 40분 $= 1\frac{40}{60}$ 시간

$= \boxed{1\frac{2}{3}}$ 시간

2. 재석이네 가족은 고속 버스를 타고 한 시간에 $70\frac{2}{3}$ km를 이동하는 빠르기로 2시간 30분 동안 이동했습니다. 재석이네 가족이 고속 버스를 타고 이동한 거리는 몇 km일까요?

생각하며 푼다!

(자동차를 타고 이동한 거리)

$=$ _____ (km)

답 _____

2시간 30분 $= 2\frac{30}{60}$ 시간

$= \boxed{2\frac{1}{2}}$ 시간

3. 호준이는 자전거를 타고 한 시간에 $12\frac{4}{7}$ km를 갑니다. 같은 빠르기로 1시간 45분 동안 자전거를 탄다면 몇 km를 갈 수 있을까요?

생각하며 푼다!

답 _____

⭐ 수 카드를 한 번씩만 사용하여 만들 수 있는 가장 큰 대분수와 가장 작은 대분수의 곱은 얼마인지 구하세요. [1-3]

1.　　　　　　① ④ ⑤

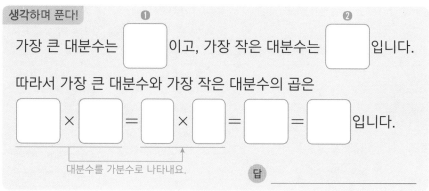

생각하며 푼다!

가장 큰 대분수는 ❶ ☐ 이고, 가장 작은 대분수는 ❷ ☐ 입니다.

따라서 가장 큰 대분수와 가장 작은 대분수의 곱은

☐ × ☐ = ☐ × ☐ = ☐ = ☐ 입니다.

└─────┘ ↑
대분수를 가분수로 나타내요.

답 _____

2.　　　　　　① ③ ⑦

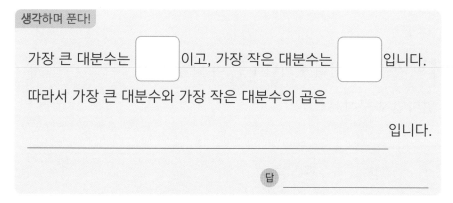

생각하며 푼다!

가장 큰 대분수는 ☐ 이고, 가장 작은 대분수는 ☐ 입니다.

따라서 가장 큰 대분수와 가장 작은 대분수의 곱은

_____ 입니다.

답 _____

3.　　　　　　② ⑤ ③

생각하며 푼다!

답 _____

해결 순서

❶ 가장 큰 대분수 만들기
→ 자연수 부분에 가장 [큰] 수를 놓고, 나머지 수로 [진분수]를 만들어요.

↓

❷ 가장 작은 대분수 만들기
→ 자연수 부분에 가장 [작은] 수를 놓고, 나머지 수로 [진분수]를 만들어요.

1. 어떤 수에 $1\frac{2}{7}$를 곱해야 할 것을 잘못하여 더했더니 $3\frac{13}{21}$이 되었 습니다. 바르게 계산하면 얼마인지 구하세요.

바른 계산 / 잘못된 계산

문제에서 숫자는 ○,
조건 또는 구하는 것은 ___로
표시해 보세요.

생각하며 푼다!

어떤 수를 □라 하면 $□+1\frac{2}{7}=\boxed{3\frac{13}{21}}$이므로 ← ❶

기약분수

$□=\boxed{3\frac{13}{21}}-\boxed{}=\boxed{3\frac{13}{21}}-\boxed{}=\boxed{}=\boxed{}$

최소공배수로 통분해요.

입니다. ← ❷
따라서 바르게 계산하면

어떤 수

$\boxed{}\times\boxed{}=\boxed{}\times\boxed{}=\boxed{}$입니다. ← ❸

대분수를 가분수로 나타내요.

답 _____

해결 순서

❶ 어떤 수를 □라 하여 잘못 계산한 식 쓰기
↓
❷ 어떤 수 구하기
↓
❸ 바르게 계산한 식을 쓰고 계산하기

2. 어떤 수에 $3\frac{3}{8}$을 곱해야 할 것을 잘못하여 뺐더니 $1\frac{23}{24}$이 되었습 니다. 바르게 계산하면 얼마인지 구하세요.

생각하며 푼다!

어떤 수를 □라 하면 $□-\boxed{}=\boxed{}$이므로

$□=\boxed{}+\boxed{}=\boxed{}+\boxed{}$

최소공배수로 통분해요.

기약분수

$=4\frac{\boxed{}}{24}=5\frac{\boxed{}}{24}=\boxed{}$입니다.

따라서 바르게 계산하면

_____ 입니다.

답 _____

앗! 실수

구하는 것은 바르게 계산한 결과예요. 어떤 수만 구하고 멈추지 않도록 주의해요.

11. □ 안의 수 구하기 문장제

1. □ 안에 들어갈 수 있는 자연수 중에서 가장 작은 수를 구하세요.

$$\frac{5}{9} \times 7 < \square$$

생각하며 푼다!

$\dfrac{5}{9} \times 7 = \dfrac{\boxed{}}{9} = \boxed{}\dfrac{\boxed{}}{9}$ 이므로 $\boxed{}\dfrac{\boxed{}}{9} < \square$ 입니다.

따라서 □ 안에 들어갈 수 있는 자연수는 $\boxed{}$, $\boxed{}$, $\boxed{}$ ……이고

이 중에서 가장 작은 수는 $\boxed{}$ 입니다.

 답 _____

2. □ 안에 들어갈 수 있는 자연수 중에서 가장 큰 수를 구하세요.

$$\frac{7}{10} \times 9 > \square$$

생각하며 푼다!

$\dfrac{7}{10} \times 9 = \dfrac{\boxed{}}{10} = \boxed{}\dfrac{\boxed{}}{10}$ 이므로 $\boxed{}\dfrac{\boxed{}}{10} > \square$ 입니다.

따라서 □ 안에 들어갈 수 있는 자연수는 1, _____

이고 이 중에서 가장 큰 수는 $\boxed{}$ 입니다.

답 _____

3. □ 안에 들어갈 수 있는 자연수 중에서 가장 큰 수를 구하세요.

$$2\frac{1}{5} \times 4 > \square$$

생각하며 푼다!

 답 _____

1. □ 안에 들어갈 수 있는 자연수는 모두 몇 개인지 구하세요.

$$8 \times \frac{2}{5} < \square < 9 \times \frac{3}{4}$$

생각하며 푼다!

$8 \times \dfrac{2}{5} = \dfrac{\boxed{}}{5} = \boxed{}$ 이고, $9 \times \dfrac{3}{4} = \dfrac{\boxed{}}{4} = \boxed{}$ 이므로

$\boxed{} < \square < \boxed{}$ 입니다.

따라서 □ 안에 들어갈 수 있는 자연수는 $\boxed{}$, $\boxed{}$, $\boxed{}$ 으로

모두 $\boxed{}$ 개입니다.

답 _____

2. □ 안에 들어갈 수 있는 자연수는 모두 몇 개인지 구하세요.

$$2 \times 1\frac{1}{8} < \square < 5 \times 1\frac{5}{12}$$

생각하며 푼다!

$2 \times 1\dfrac{1}{8} = \overset{1}{2} \times \dfrac{\boxed{}}{\underset{4}{8}} = \dfrac{\boxed{}}{4} = \boxed{}$ 이고,

$5 \times 1\dfrac{5}{12} = 5 \times \dfrac{\boxed{}}{12} = \dfrac{\boxed{}}{12} = \boxed{}$ 이므로

$\boxed{} < \square < \boxed{}$ 입니다.

따라서 □ 안에 들어갈 수 있는 자연수는 _____

로 모두 $\boxed{}$ 개입니다.

답 _____

1. □ 안에 들어갈 수 있는 자연수 중에서 가장 큰 수를 구하세요.

$$\frac{1}{4} \times \frac{1}{2} < \frac{1}{\square}$$

생각하며 푼다!

$\frac{1}{4} \times \frac{1}{2} = \frac{1}{\square}$ 이므로 $\frac{1}{\square} < \frac{1}{\square}$ 에서 $\boxed{} > \square$ 입니다.

따라서 □ 안에 들어갈 수 있는 자연수는 1, $\boxed{}$, $\boxed{}$, $\boxed{}$, $\boxed{}$,

$\boxed{}$, $\boxed{}$ 이고 이 중에서 가장 큰 수는 $\boxed{}$ 입니다.

답 _____

단위분수의 크기 비교는
분모가 작은 쪽이
더 큰 분수예요.

2. □ 안에 들어갈 수 있는 자연수 중에서 가장 큰 수를 구하세요.

$$\frac{1}{6} \times \frac{1}{\square} > \frac{1}{30}$$

생각하며 푼다!

$\frac{1}{6} \times \frac{1}{\square} = \frac{1}{6 \times \square}$ 이므로 $\frac{1}{6 \times \square} > \frac{1}{30}$ 에서 $\boxed{} \times \square < 30$ 입니다.

따라서 □ 안에 들어갈 수 있는 자연수는 _____

이고 이 중에서 가장 큰 수는 $\boxed{}$ 입니다.

답 _____

3. □ 안에 들어갈 수 있는 자연수 중에서 가장 큰 수를 구하세요.

$$\frac{1}{8} \times \frac{1}{\square} > \frac{1}{32}$$

생각하며 푼다!

답 _____

⭐ □ 안에 들어갈 수 있는 자연수를 모두 구하세요. [1-3]

1.

$$\frac{7}{16} \times \frac{5}{7} < \frac{\square}{16} < \frac{7}{10} \times \frac{45}{56}$$

생각하며 푼다!

$$\frac{\overset{1}{7}}{16} \times \frac{5}{\underset{1}{7}} = \frac{\square}{16} , \; \frac{\overset{1}{7}}{10} \times \frac{45}{\underset{8}{56}} = \frac{\square}{16} \text{이므로} \frac{\square}{16} < \frac{\square}{16} < \frac{\square}{16} \text{입}$$

니다. 따라서 ⬚ < □ < ⬚ 이므로 □ 안에 들어갈 수 있는 자연

수는 ⬚, ⬚, ⬚ 입니다.

답 _____

분모가 같은 분수의
크기는 분자끼리
비교해요.

2.

$$\frac{3}{8} \times \frac{3}{7} < \frac{\square}{56} < \frac{9}{14} \times \frac{5}{12}$$

생각하며 푼다!

$$\frac{3}{8} \times \frac{3}{7} = \boxed{} , \; \frac{9}{14} \times \frac{5}{12} = \boxed{} \overset{\text{기약분수}}{} \text{이므로} \; \boxed{} < \frac{\square}{56} < \boxed{}$$

입니다. 따라서 ⬚ < □ < ⬚ 이므로 □ 안에 들어갈 수 있는

자연수는 _____ 입니다.

답 _____

3.

$$\frac{9}{91} \times \frac{14}{27} < \frac{\square}{39} < \frac{12}{65} \times \frac{25}{36}$$

생각하며 푼다!

답 _____

⭐ □ 안에 들어갈 수 있는 자연수는 모두 몇 개인지 구하세요. [1-3]

1.

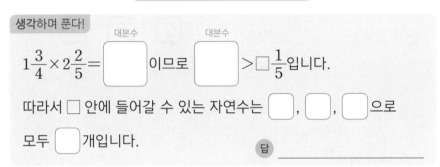

$$1\frac{3}{4} \times 2\frac{2}{5} > \square\frac{1}{5}$$

생각하며 푼다!

$1\frac{3}{4} \times 2\frac{2}{5} =$ ⬜(대분수) 이므로 ⬜(대분수) $> \square\frac{1}{5}$ 입니다.

따라서 □ 안에 들어갈 수 있는 자연수는 ⬜ , ⬜ , ⬜ 으로

모두 ⬜ 개입니다.

답 _____

2.

$$2\frac{1}{2} \times 2\frac{2}{3} > \square\frac{1}{3}$$

생각하며 푼다!

$2\frac{1}{2} \times 2\frac{2}{3} =$ ⬜(대분수) 이므로 ⬜(대분수) $> \square\frac{1}{3}$ 입니다.

따라서 □ 안에 들어갈 수 있는 자연수는

_____ 으로 모두 ⬜ 개입니다.

답 _____

3.

$$3\frac{2}{7} \times 1\frac{1}{3} > \square\frac{5}{21}$$

생각하며 푼다!

답 _____

2. 분수의 곱셈

1. 한 명에게 리본끈을 $\frac{5}{8}$ m씩 똑같이 나누어 주려고 합니다. 우리 반 학생 32명에게 나누어 주려면 리본끈은 모두 몇 m 필요할까요?

( )

2. 한 시간에 70 km를 일정한 빠르기로 달리는 자동차가 있습니다. 이 자동차가 같은 빠르기로 1시간 15분 동안 달린다면 몇 km를 갈 수 있을까요?

( )

3. 영서는 동화책을 어제는 전체의 $\frac{3}{11}$ 을 읽었고, 오늘은 그 나머지의 $\frac{1}{4}$ 을 읽었습니다. 영서가 오늘 읽은 동화책은 전체의 몇 분의 몇일까요?

( )

4. 가로가 $4\frac{1}{2}$ m, 세로가 $1\frac{1}{3}$ m인 직사각형의 $\frac{2}{5}$ 를 잘라 냈습니다. 잘라 낸 부분의 넓이는 몇 m²일까요? (20점)

( )

5. 수 카드를 한 번씩만 사용하여 만들 수 있는 가장 큰 대분수와 가장 작은 대분수의 곱은 얼마인지 구하세요. (20점)

② ⑤ ⑦

( )

6. 어떤 수에 $5\frac{5}{6}$ 를 곱해야 할 것을 잘못하여 더했더니 $7\frac{1}{30}$ 이 되었습니다. 바르게 계산하면 얼마인지 구하세요. (20점)

( )

7. □ 안에 들어갈 수 있는 자연수는 모두 몇 개인지 구하세요.

$$2\frac{2}{7} \times 2\frac{3}{8} > \square\frac{1}{7}$$

( )

셋째 마당

나 혼자 풀이 과정을 완성하는

합동과 대칭

셋째 마당에서는 **합동과 대칭을 이용한 문장제**를 배웁니다.
서로 합동인 두 도형의 성질, 선대칭도형과 점대칭도형에서
대응변과 대응각의 성질을 직접 쓰면서 외워 보세요.

서로 합동인 두 도형에서 대응변과 대응각을
쉽게 찾는 비법은 먼저 도형 위에 각각의
대응점을 찾아 ○, △, □와 같이 표시해 두는 거예요.

12. 합동인 도형 문장제

모양과 크기가 같아서 포개었을 때, 완전히 겹치는 두 도형

1. 두 삼각형은 서로 합동입니다. 변 ㄱㄴ은 몇 cm일까요?

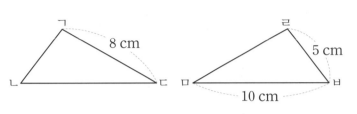

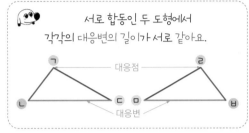
서로 합동인 두 도형에서 각각의 대응변의 길이가 서로 같아요.

생각하며 푼다!

서로 합동인 두 도형에서 각각의 대응변의 길이가 서로 같습니다.

변 ㄱㄴ의 대응변은 변 ㄹㅂ입니다.

따라서 (변 ㄱㄴ)=(변 ☐)=☐ cm입니다.

> 점 ㄱ의 대응점은 점 ㄹ, 점 ㄴ의 대응점은 점 ㅂ이므로 변 ㄱㄴ의 대응변은 변 ㄹㅂ이에요.

답 _____ cm

단위를 꼭 써요!

2. 두 삼각형은 서로 합동입니다. 각 ㄹㅁㅂ은 몇 도일까요?

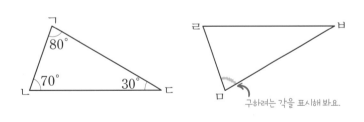

구하려는 각을 표시해 봐요.

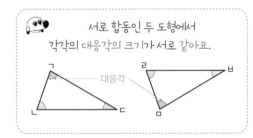
서로 합동인 두 도형에서 각각의 대응각의 크기가 서로 같아요.

생각하며 푼다!

서로 합동인 두 도형에서 각각의 대응각의 크기가 서로 같습니다.

각 ㄹㅁㅂ의 대응각은 각 ㄴㄱㄷ입니다.

따라서 (각 ㄹㅁㅂ)=(각 ☐)=☐°입니다.

답 _____

1. 두 삼각형은 서로 합동입니다. <u>삼각형 ㄹㅁㅂ의 둘레는 몇 cm일</u>까요?

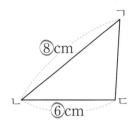 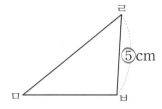

문제에서 숫자는 ◯,
조건 또는 구하는 것은 ____로
표시해 보세요.

합동인 두 삼각형에
각각의 대응점을 찾아
◯, △, ☐로 표시하면
대응변을 찾기 쉬워요.

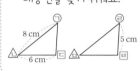

생각하며 푼다!

서로 합동인 두 도형에서 각각의 대응변의 길이가 서로 [   ].

(변 ㄹㅁ)=(변 ㄱㄴ)=[   ] cm, (변 ㅁㅂ)=(변 ㄴㄷ)=[   ] cm,

(삼각형 ㄹㅁㅂ의 둘레)=(변 [   ])+(변 ㅁㅂ)+(변 ㅂㄹ)

  =[   ]+[   ]+[   ]=[   ] (cm)

답 _____

2. 두 삼각형은 서로 합동입니다. 삼각형 ㄱㄴㄷ의 둘레는 몇 cm일까요?

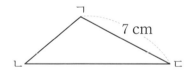 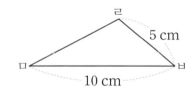

생각하며 푼다!

서로 합동인 두 도형에서

각각의 대응변의 _____.

(변 ㄱㄴ)=(변 [   ])=[   ] cm,

(변 ㄴㄷ)=(변 [   ])=[   ] cm,

(삼각형 ㄱㄴㄷ의 둘레)=(변 [   ])+(변 [   ])+(변 ㄷㄱ)

  = _____ =[   ] (cm)

답 _____

1. 두 삼각형은 서로 합동입니다. 삼각형 ㄱㄴㄷ의 둘레가 26 cm일 때, 변 ㄱㄷ은 몇 cm일까요?

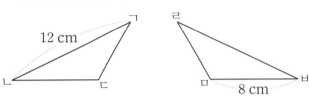

생각하며 푼다!

서로 합동인 두 도형에서 각각의 대응변의 길이가 서로 같으므로

(변 ㄴㄷ)=(변 [ ])=[ ] cm입니다.

(변 ㄱㄷ)=(삼각형 ㄱㄴㄷ의 둘레)−(변 ㄱㄴ)−(변 ㄴㄷ)

=[ ]−[ ]−[ ]=[ ] (cm)

답 _____

변 ㄱㄷ의 길이는 삼각형 ㄱㄴㄷ의 둘레에서 나머지 두 변의 길이를 빼서 구합니다.

2. 두 삼각형은 서로 합동입니다. 삼각형 ㄹㅁㅂ의 둘레가 30 cm일 때, 변 ㄹㅁ은 몇 cm일까요?

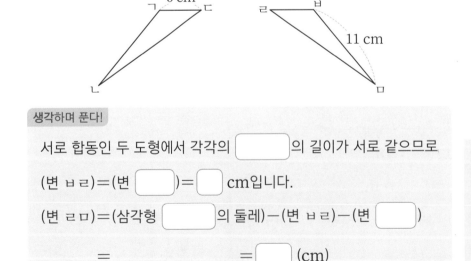

생각하며 푼다!

서로 합동인 두 도형에서 각각의 [ ]의 길이가 서로 같으므로

(변 ㅂㄹ)=(변 [ ])=[ ] cm입니다.

(변 ㄹㅁ)=(삼각형 [ ]의 둘레)−(변 ㅂㄹ)−(변 [ ])

=_____=[ ] (cm)

답 _____

변 ㄹㅁ의 길이는 삼각형 ㄹㅁㅂ의 둘레에서 나머지 두 변의 길이를 빼서 구합니다.

1. 두 삼각형은 서로 합동입니다. 각 ㄷㄱㄴ은 몇 도일까요?

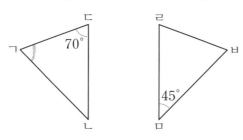

말풍선: 먼저 도형 위에 구하려는 각을 찾아 표시해 봐요.

생각하며 푼다!

서로 합동인 두 도형에서 각각의 대응각의 크기가 서로 같으므로

(각 ㄱㄴㄷ)=(각 ㅂㅁㄹ)=☐°입니다.

삼각형 ㄱㄴㄷ의 세 각의 크기의 합은 ☐°입니다.

(각 ㄷㄱㄴ)=☐°−(☐°+☐°)
        각 ㄱㄴㄷ 각 ㄱㄷㄴ

        =☐°−☐°=☐°

답 _____

2. 두 삼각형은 서로 합동입니다. 각 ㅂㄹㅁ은 몇 도일까요?

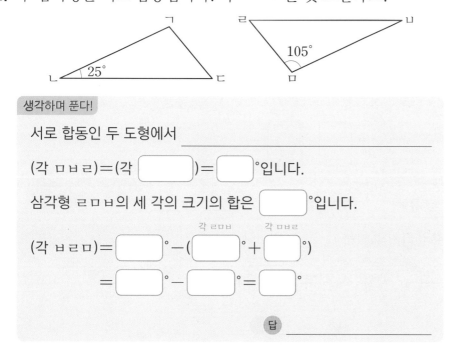

생각하며 푼다!

서로 합동인 두 도형에서 _____

(각 ㅁㅂㄹ)=(각 ☐)=☐°입니다.

삼각형 ㄹㅁㅂ의 세 각의 크기의 합은 ☐°입니다.

(각 ㅂㄹㅁ)=☐°−(☐°+☐°)
        각 ㄹㅁㅂ 각 ㅁㅂㄹ

        =☐°−☐°=☐°

답 _____

1. 두 사각형은 서로 합동입니다. 각 ㄱㄹㄷ은 몇 도일까요?

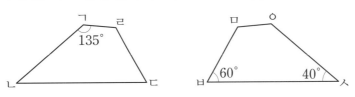

문제에서 숫자는 ◯,
조건 또는 구하는 것은 ＿＿로
표시해 보세요.

합동인 두 사각형에
각각의 대응점을 찾아
◯, △, □, ☆로
표시하면 대응변을
찾기 쉬워요.

생각하며 푼다!

서로 합동인 두 도형에서 각각의 대응각의 크기가 서로 같으므로

(각 ㄱㄴㄷ)=(각 ㅇㅅㅂ)= ◻ °,

(각 ㄴㄷㄹ)=(각 ㅅㅂㅁ)= ◻ °입니다.

사각형 ㄱㄴㄷㄹ의 네 각의 크기의 합은 ◻ °입니다.

(각 ㄱㄹㄷ)= ◻ °−(◻ °＋ ◻ °＋ ◻ °)
　　　　　　　　　　　　각 ㄹㄱㄴ　　각 ㄱㄴㄷ　　각 ㄴㄷㄹ

　　　　 ＝ ◻ °

답 ＿＿＿＿＿＿＿＿＿

2. 두 사각형은 서로 합동입니다. 각 ㅁㅂㅅ은 몇 도일까요?

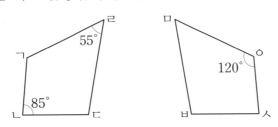

생각하며 푼다!

서로 합동인 두 도형에서 ＿＿＿＿＿＿＿＿＿＿＿＿＿

(각 ㅇㅁㅂ)=(각 ◻)= ◻ °,

(각 ㅂㅅㅇ)=(각 ◻)= ◻ °입니다.

사각형 ㅁㅂㅅㅇ의 네 각의 크기의 합은 ◻ °입니다.

(각 ㅁㅂㅅ)= ◻ °−(◻ °＋ ◻ °＋ ◻ °)
　　　　　　　　　　　　각 ㅇㅁㅂ　　각 ㅂㅅㅇ　　각 ㅁㅇㅅ

　　　　 ＝ ◻ °

답 ＿＿＿＿＿＿＿＿＿

완전히 겹치도록 접었을 때 직선

1. 직선 ㅇㅈ을 대칭축으로 하는 선대칭도형입니다. 변 ㄴㄷ과 선분 ㅂㅅ은 각각 몇 cm일까요?

한 직선을 따라 접어서 완전히 겹치는 도형

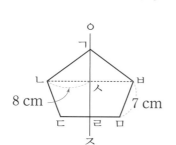

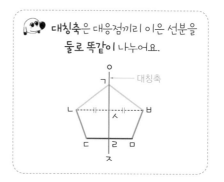

대칭축은 대응점끼리 이은 선분을 **둘로 똑같이** 나누어요.

생각하며 푼다!

선대칭도형에서 각각의 대응변의 길이가 서로 같으므로

(변 ㄴㄷ)=(변 [ ])=[ ] cm입니다.

선대칭도형에서 대칭축은 대응점끼리 이은 선분을 둘로 똑같이 나누므로

(선분 ㅂㅅ)=(선분 ㄴㅅ)=[ ] cm입니다.

답 변 ㄴㄷ: ＿＿＿＿＿＿＿ , 선분 ㅂㅅ: ＿＿＿＿＿＿＿

2. 직선 ㅁㅂ을 대칭축으로 하는 선대칭도형입니다. 각 ㄱㄴㄹ은 몇 도일까요?

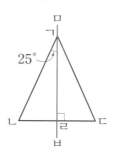

생각하며 푼다!

선대칭도형에서 각각의 대응각의 크기가 서로 같으므로

(각 ㄴㄹㄱ)=(각 [ ])=[ ]°입니다.

삼각형 ㄱㄴㄹ의 세 각의 크기의 합은 [ ]°입니다.

(각 ㄱㄴㄹ)= [ ]°−([ ]°+[ ]°)
　　　　　　　　　　각 ㄴㄱㄹ　　각 ㄴㄹㄱ

　　　　　　= [ ]°−[ ]°=[ ]°

답 ＿＿＿＿＿＿＿＿＿＿

1. 선분 ㄱㄹ을 대칭축으로 하는 선대칭도형입니다. <u>선대칭도형의 둘레는 몇 cm</u>일까요?

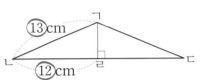

> 문제에서 숫자는 ◯, 조건 또는 구하는 것은 ___로 표시해 보세요.

생각하며 푼다!

선대칭도형에서 <u>각각의   </u> 가 서로 같으므로

(변 ㄱㄷ)=(변 [   ])=[   ] cm,

(변 ㄷㄹ)=(변 [   ])=[   ] cm입니다.

(선대칭도형의 둘레)=([   ]변ㄱㄷ+[   ]변ㄷㄹ)×2=[   ]×2

=[   ] (cm)   답 _____

> 선대칭도형의 둘레는 이렇게 구해요.
>
>
>
> (선대칭도형의 둘레)
> =(●+★)×2

2. 선분 ㅁㅂ을 대칭축으로 하는 선대칭도형입니다. 선대칭도형의 둘레는 몇 cm일까요?

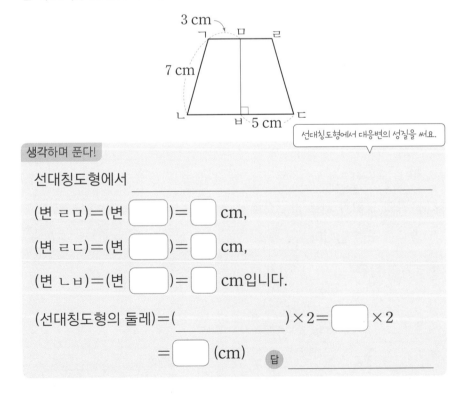

> 선대칭도형에서 대응변의 성질을 써요.

생각하며 푼다!

선대칭도형에서 _____

(변 ㄹㅁ)=(변 [   ])=[   ] cm,

(변 ㄹㄷ)=(변 [   ])=[   ] cm,

(변 ㄴㅂ)=(변 [   ])=[   ] cm입니다.

(선대칭도형의 둘레)=(_____)×2=[   ]×2

=[   ] (cm)   답 _____

> 대응변끼리의 길이는 서로 같으니까 대칭축을 기준으로 한 쪽의 변의 길이를 더한 값을 2배 하면 선대칭도형의 둘레를 쉽게 구할 수 있어요.

1. 선분 ㄴㄷ을 대칭축으로 하는 선대칭도형의 일부분입니다. 완성한 선대칭도형의 둘레는 몇 cm일까요?

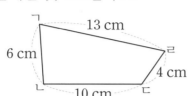

선대칭도형을 완성해 봐요.

생각하며 푼다!

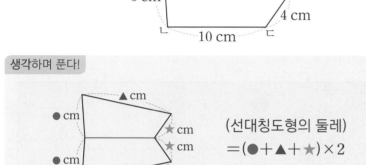

(선대칭도형의 둘레)
=(●+▲+★)×2

선대칭도형에서 각각의 대응변의 길이가 서로 같습니다.

(완성한 선대칭도형의 둘레)=(☐+☐+☐)×2

=☐×2=☐ (cm)

답 _____

2. 선분 ㄹㄷ을 대칭축으로 하는 선대칭도형의 일부분입니다. 완성한 선대칭도형의 둘레는 몇 cm일까요?

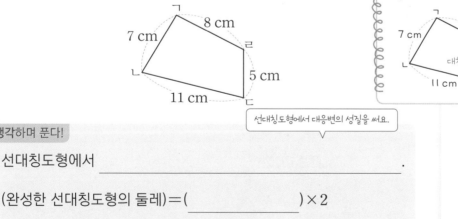

선대칭도형을 완성해 봐요.

선대칭도형에서 대응변의 성질을 써요.

생각하며 푼다!

선대칭도형에서 _____ .

(완성한 선대칭도형의 둘레)=(_____)×2

=☐×2=☐ (cm)

답 _____

문제에서 숫자는 ◯,
조건 또는 구하는 것은 ＿＿로
표시해 보세요.

1. 오른쪽은 직선 ㅅㅇ을 대칭축으로 하는 선대칭도형입니다. 선대칭도형의 둘레가 30 cm일 때 변 ㄹㅁ은 몇 cm일까요?

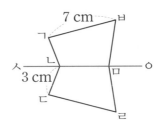

생각하며 푼다!

선대칭도형에서 각각의 대응변의 길이가 서로 같으므로

(변 ㄷㄹ)＝(변 ☐)＝☐ cm입니다.

변 ㄹㅁ의 길이를 ■ cm라 하면

변ㄴㄷ 변ㄷㄹ   둘레   둘레÷2
(☐＋☐＋■)×2=☐, ☐＋■=☐,

■=☐－☐=☐ 입니다.

따라서 변 ㄹㅁ은 ☐ cm입니다.

답 _____

2. 오른쪽은 직선 ㅅㅇ을 대칭축으로 하는 선대칭도형입니다. 선대칭도형의 둘레가 46 cm일 때 변 ㄱㅂ은 몇 cm일까요?

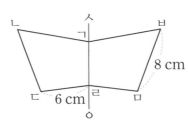

생각하며 푼다!

선대칭도형에서 _____

(변 ㅁㄹ)＝(변 ☐)＝☐ cm입니다.

변 ㄱㅂ의 길이를 ■ cm라 하면

> 풀이를 완성해요.

답 _____

1. 오른쪽은 선분 ㄱㄹ을 대칭축으로 하는 선대칭도형입니다. 각 ㄴㄱㄹ은 몇 도일까요?

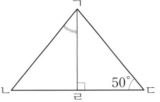

먼저 도형 위에 구하려는 각을 찾아 표시해 봐요.

생각하며 푼다!

선대칭도형에서 각각의 대응각의 크기가 서로 같으므로

(각 ㄱㄴㄹ)=(각 ㄱㄷㄹ)= $\boxed{}$ °,

(각 ㄴㄹㄱ)=(각 ㄷㄹㄱ)= $\boxed{}$ °입니다.

삼각형 ㄱㄴㄹ의 세 각의 크기의 합은 $\boxed{}$ °입니다.

(각 ㄴㄱㄹ)= $\boxed{}$ °−($\boxed{}$ °+ $\boxed{}$ °)

  = $\boxed{}$ °− $\boxed{}$ °= $\boxed{}$ °

답 _____

2. 오른쪽은 선분 ㄹㄴ을 대칭축으로 하는 선대칭도형입니다. 각 ㄹㄱㄴ은 몇 도일까요?

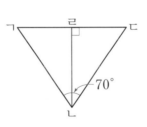

선대칭도형에서 대응각의 성질을 써요.

생각하며 푼다!

선대칭도형에서 _____

(각 ㄹㄱㄴ)=(각 $\boxed{}$)입니다.

삼각형 ㄱㄴㄷ의 세 각의 크기의 합은 $\boxed{}$ °입니다.

각 ㄱㄴㄷ

(각 ㄹㄱㄴ)=($\boxed{}$ °− $\boxed{}$ °)÷2

  = $\boxed{}$ °÷2= $\boxed{}$ °

답 _____

1. 점 ㅇ을 대칭의 중심으로 하는 점대칭도형입니다. 각 ㄱㄴㄷ의 대응각과 선분 ㄷㅇ과 길이
   가 같은 선분을 각각 쓰세요.

   → 완전히 겹치도록 180° 돌렸을 때 중심이 되는 점

   → 한 도형을 어떤 점을 중심으로 180° 돌렸을 때 처음 도형과 완전히 겹치는 도형

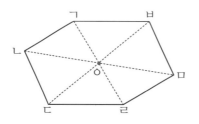

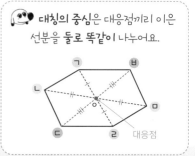

대칭의 중심은 대응점끼리 이은
선분을 둘로 똑같이 나누어요.

> **생각하며 푼다!**
>
> 점 ㄱ의 대응점은 점 ☐, 점 ㄴ의 대응점은 점 ☐, 점 ㄷ의 대응점은 점 ☐이므로
>
> 각 ㄱㄴㄷ의 대응각은 각 ☐ 입니다.
>
> 대칭의 중심은 대응점끼리 이은 선분을 둘로 똑같이 나누므로 선분 ㄷㅇ과 길이가 같은 선분은
>
> 선분 ☐ 입니다.
>
> 답   각 ㄱㄴㄷ의 대응각: _____,
>
>   선분 ㄷㅇ과 길이가 같은 선분: _____

2. 점 ㅇ을 대칭의 중심으로 하는 점대칭도형입니다. 변 ㄱㄴ의 길이와 각 ㄱㄹㄷ의 크기를 각
   각 구하세요.

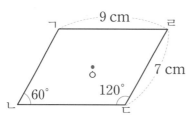

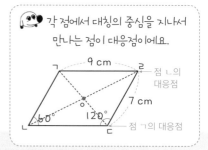

각 점에서 대칭의 중심을 지나서
만나는 점이 대응점이에요.

> **생각하며 푼다!**
>
> 점대칭도형에서 각각의 대응변의 길이가 서로 같으므로
>
> (변 ㄱㄴ)=(변 ☐)=☐ cm입니다.
>
> 점대칭도형에서 각각의 대응각의 크기가 서로 같으므로
>
> (각 ㄱㄹㄷ)=(각 ☐)=☐°입니다.
>
> 답 변 ㄱㄴ: _____, 각 ㄱㄹㄷ: _____

1. 점 ㅇ을 대칭의 중심으로 하는 점대칭도형입니다. 나머지 변에 길이를 표시하고, 점대칭도형의 둘레는 몇 cm인지 구하세요.

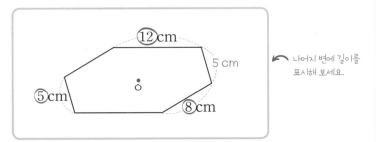

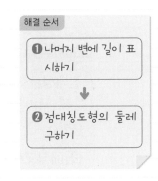

↖ 나머지 변에 길이를 표시해 보세요.

문제에서 숫자는 ○,
조건 또는 구하는 것은 ___로
표시해 보세요.

해결 순서

❶ 나머지 변에 길이 표시하기

↓

❷ 점대칭도형의 둘레 구하기

생각하며 푼다!

점대칭도형에서 각각의 대응변의 길이가 서로 같으므로 둘레는 주어진 각 변의 길이를 ☐ 배 하여 구합니다.

(점대칭도형의 둘레)=(12+☐+☐)×2

　　　　　　　　　　　=☐×2=☐ (cm)

답 _____

2. 점 ㅇ을 대칭의 중심으로 하는 점대칭도형입니다. 나머지 변에 길이를 표시하고, 점대칭도형의 둘레는 몇 cm인지 구하세요.

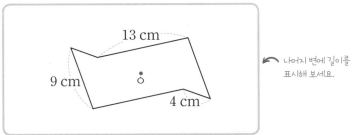

↖ 나머지 변에 길이를 표시해 보세요.

각 대응점에서 대칭의 중심을 지나는 선분을 점선으로 그어 대응점을 찾으면 대응변도 찾기 쉬워요.

생각하며 푼다!

답 _____

1. 오른쪽은 점 ㅈ을 대칭의 중심으로 하는 점대칭도형입니다. 점대칭도형의 넓이는 몇 cm²일까요?

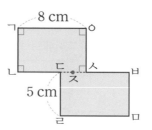

문제에서 숫자는 ◯, 조건 또는 구하는 것은 ___로 표시해 보세요.

생각하며 푼다!

점대칭도형에서 각각의 대응변의 길이가 서로 같으므로

┌ 직사각형 ㄱㄴㅅㅇ의 세로

(변 ㅇㅅ)=(변 ㄹㄷ)=☐ cm입니다.

(점대칭도형의 넓이)=(직사각형 ㄱㄴㅅㅇ의 넓이)×2

     가로   세로

    =(☐×☐)×2=☐×2

    =☐ (cm²)

답 _____

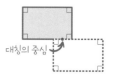

점대칭도형은 대칭의 중심을 중심으로 180° 돌리면 반대편에 똑같은 모양이 있어요. 그래서 넓이를 구하려면 돌리기 전 도형의 넓이만 구해 2배 하면 돼요.

대칭의 중심

2. 오른쪽은 점 ㅇ을 대칭의 중심으로 하는 점대칭도형입니다. 점대칭도형의 넓이는 몇 cm²일까요?

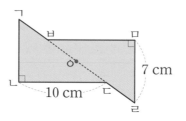

점대칭도형에서 대응변의 성질을 써요.

생각하며 푼다!

점대칭도형에서 _____

                ┌ 삼각형 ㄱㄴㄷ의 높이

(변 ㄱㄴ)=(변 ☐)=☐ cm입니다.

(점대칭도형의 넓이)=(삼각형 ㄱㄴㄷ의 넓이)×☐

     밑변의 길이   높이

    =(☐×☐÷2)×☐

    =☐×2=☐ (cm²)

답 _____

1. 오른쪽은 점 ㅇ을 대칭의 중심으로 하는 점대칭도형입니다. 각 ㅂㄷㄹ은 몇 도일까요?

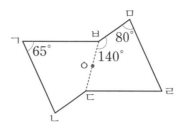

생각하며 푼다!

점대칭도형에서 각각의 대응각의 크기가 서로 같으므로

(각 ㄷㄹㅁ)=(각 [   ])=[   ]°입니다.

사각형 ㅂㄷㄹㅁ의 네 각의 크기의 합은 [   ]°입니다.

(각 ㅂㄷㄹ)=[   ]°−([   ]°+[   ]°+[   ]°)
　　　　　　　　　　각 ㅁㅂㄷ　　각 ㄷㄹㅁ　　각 ㄹㅁㅂ

　　　　　=[   ]°−[   ]°=[   ]°

답 _____

각 대응점에서 대칭의 중심을 지나는 선분을 점선으로 그어 대응점을 찾으면 대응변도 찾기 쉬워요.

2. 오른쪽은 점 ㅇ을 대칭의 중심으로 하는 점대칭도형입니다. 각 ㄱㄴㄷ은 몇 도일까요?

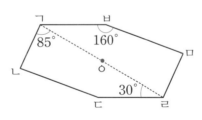

생각하며 푼다!

점대칭도형에서 _____

(각 ㄴㄷㄹ)=(각 [   ])=[   ]°입니다.

사각형 ㄱㄴㄷㄹ의 _____ 입니다.

(각 ㄱㄴㄷ)= _____

　　　　　= _____ =[   ]°

답 _____

1. 오른쪽과 같은 점대칭도형에서 삼각형 ㄱㄴㄷ의 둘레가 26 cm 일 때, 점대칭도형의 둘레는 몇 cm일까요?

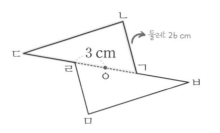

둘레: 26 cm

생각하며 푼다!

(선분 ㄱㅇ)=(선분 ◻️)=◻️ cm이므로

선분 ㄹㅇ 선분 ㄱㅇ

(선분 ㄹㄱ)=◻️+◻️=◻️ (cm)입니다.

(변 ㄱㄴ)+(변 ㄴㄷ)+(변 ㄷㄹ)

=(삼각형 ㄱㄴㄷ의 둘레)−(선분 ㄹㄱ)

=◻️−◻️=◻️ (cm)

(점대칭도형의 둘레)=◻️×2=◻️ (cm)

답 _____

문제에서 숫자는 ○, 조건 또는 구하는 것은 ___로 표시해 보세요.

점대칭도형에서 [대칭의 중심] 은 대응점끼리 이은 선분을 둘로 똑같이 나누므로 각각의 대응점 에서 [대칭의 중심] 까지의 거리 가 서로 같습니다.

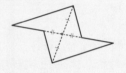

2. 오른쪽과 같은 점대칭도형에서 삼각 형 ㄱㄴㄷ의 둘레가 40 cm일 때, 점 대칭도형의 둘레는 몇 cm일까요?

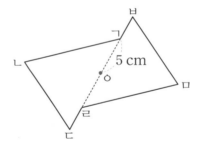

5 cm

생각하며 푼다!

답 _____

1. 점 ㅇ을 대칭의 중심으로 하는 점대칭도형의 일부분입니다. 점대
   칭도형을 완성하고, 완성한 점대칭도형의 둘레는 몇 cm인지 구
   하세요.

점대칭도형을 완성하고, 길이를 표시해 보세요.

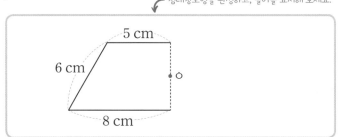

해결 순서

❶ 점대칭도형 완성하기

↓

❷ 완성한 점대칭도형
   의 둘레 구하기

생각하며 푼다!

점대칭도형을 완성하면 5 cm, 6 cm, ☐ cm인 변이 ☐개씩
있습니다.
(완성한 점대칭도형의 둘레)
=(☐+☐+☐)×2=☐×2=☐ (cm)

답 _____

2. 점 ㅇ을 대칭의 중심으로 하는 점대칭도형의 일부분입니다. 점대
   칭도형을 완성하고, 완성한 점대칭도형의 둘레는 몇 cm인지 구
   하세요.

점대칭도형을 완성하고, 길이를 표시해 보세요.

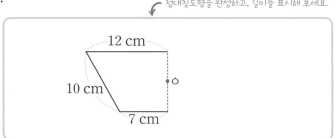

생각하며 푼다!

점대칭도형을 완성하면 12 cm, ☐ cm, ☐ cm인 변이

☐개씩 있습니다.

풀이를 완성해요.

답 _____

3. 합동과 대칭

1. 두 삼각형은 서로 합동입니다. 삼각형 ㄱㄴㄷ의 둘레는 몇 cm일까요?

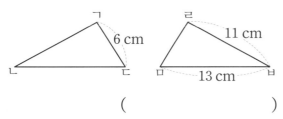

( )

2. 두 삼각형은 서로 합동입니다. 각 ㄹㅁㅂ은 몇 도일까요?

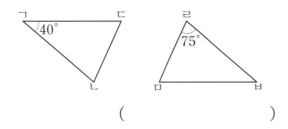

( )

3. 선분 ㄴㄷ을 대칭축으로 하는 선대칭도형의 일부분입니다. 완성한 선대칭도형의 둘레는 몇 cm일까요?

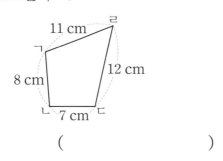

( )

4. 선분 ㄱㄹ을 대칭축으로 하는 선대칭도형입니다. 각 ㄱㄴㄹ은 몇 도일까요? (30점)

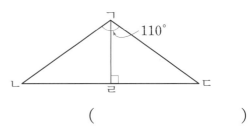

( )

5. 점 ㅈ을 대칭의 중심으로 하는 점대칭도형입니다. 점대칭도형의 넓이는 몇 cm²일까요?

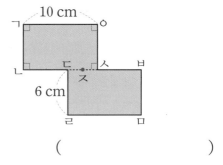

( )

6. 점 ㅇ을 대칭의 중심으로 하는 점대칭도형입니다. 각 ㄴㄷㄹ은 몇 도일까요? (30점)

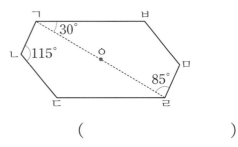

( )

넷째 마당

나 혼자 풀이 과정을 완성하는
소수의 곱셈

넷째 마당에서는 **소수의 곱셈을 이용한 문장제**를 배웁니다.
소수의 곱셈은 자연수의 곱셈처럼 계산한 다음 소수점을 찍으면 돼요.
실수하지 않도록 차근차근 계산해 보세요.

소수의 곱셈에서 곱에 소수점을 찍지 않는 실수가
자주 나와요. 계산한 다음 소수점 콕! 잊지 마세요~

1. 0.6의 4배는 얼마일까요?

> 생각하며 푼다!
>
> ⑥ × 4 = ㉔
>
> $\frac{1}{10}$배 ↓ → ☐ 배
>
> ⓪.6 × 4 = ☐
>
> 곱해지는 수가 $\frac{1}{10}$배가 되면
>
> 계산 결과도 ☐ 배가 됩니다.
>
> 따라서 0.6의 4배는 0.6× ☐ 이므로 ☐ 입니다.   답 _____

2. 1.72의 3배는 얼마일까요?

> 생각하며 푼다!
>
> ⑰② × 3 = ㈤⑯
>
> $\frac{1}{100}$배 ↓ → ☐ 배
>
> ①.72 × 3 = ☐
>
> 곱해지는 수가 $\frac{1}{100}$배가 되면
>
> 계산 결과도 ☐ 배가 됩니다.
>
> 따라서 1.72의 3배는 1.72× ☐ 이므로 ☐ 입니다.   답 _____

3. 0.9 m의 5배는 몇 m일까요?

> 생각하며 푼다!
>
> 9×5=45이므로 0.9×5= ☐ 입니다. 따라서 0.9 m의 5배는 ☐ m입니다.
>
> 답 _____ m

단위를 꼭 써요!

4. 1.2 L의 6배는 몇 L일까요?

> 생각하며 푼다!
>
> 12×6=72이므로 1.2×6= ☐ 입니다. 따라서 1.2 L의 6배는 ☐ L입니다.
>
> 답 _____

문제에서 숫자는 ◯,
조건 또는 구하는 것은 ____로
표시해 보세요.

1. 슬기는 하루에 우유를 ◯0.3◯L씩 마십니다. 슬기가 ◯8◯일 동안 마신
우유의 양은 모두 몇 L일까요?
↳ 곱셈을 해요.

생각하며 푼다!

(8일 동안 마신 우유의 양)
= (하루에 마신 우유의 양) × (날수)
= ☐ × ☐ = ☐ (L)

답 _____

2. 경수는 매일 운동장을 0.7 km씩 뜁니다. 경수가 9월 한 달 동안
뛴 거리는 모두 몇 km일까요?

생각하며 푼다!

9월은 ☐일입니다.

(9월 한 달 동안 뛴 거리)
= (하루에 뛴 거리) × (날수)
= ☐ × ☐ = ☐ (km)

답 _____

각 달의 날수는 다음과 같이
기억하면 쉬워요.
둘째 손가락부터 시작하여
위로 솟은 것은 큰 달(31일),
안으로 들어간 것은 작은 달
(30일 또는 28일)이 돼요.

3. 서진이네 집에서는 매일 쌀을 0.2 kg씩 소비합니다. 2주일 동안
소비한 쌀은 모두 몇 kg일까요?

생각하며 푼다!

답 _____

앗! 실수
매주가 아니라 매일
쌀을 0.2 kg씩 소비하는
거니까 쌀의 양에
일수(날수)를 곱해야 해요.

문제에서 숫자는 ◯,
조건 또는 구하는 것은 ___로
표시해 보세요.

1. 길이가 3.2 m인 끈이 8개 있습니다. 이 끈을 겹치지 않게 길게 이
   어 붙였다면 이어 붙인 끈의 전체 길이는 몇 m일까요?

   > 생각하며 푼다!
   >
   > (이어 붙인 끈의 전체 길이)
   > =(끈 한 개의 길이)×(끈 수)
   > = ☐ × ☐ = ☐ (m)
   >
   > 답 _____

2. 지수는 문구점에서 길이가 2.85 m인 색 테이프 3개를 샀습니다.
   산 색 테이프의 전체 길이는 몇 m일까요?

   > 생각하며 푼다!
   >
   > (산 색 테이프의 전체 길이)
   > =(색 테이프 한 개의 길이)× (☐)
   > = _____ = ☐ (m)
   >
   > 답 _____

3. 한 봉지에 1.25 kg씩 들어 있는 밀가루가 20봉지 있습니다. 밀가
   루는 모두 몇 kg일까요?

   > 생각하며 푼다!
   >
   >
   >
   >
   > 답 _____

1. □ 안에 들어갈 수 있는 수 중에서 가장 작은 자연수를 구하세요.

$$3.7 \times 5 < □$$

생각하며 푼다!

$3.7 \times 5 =$ ☐ 이므로 ☐ $< □$ 에서 □ 안에는 ☐

보다 큰 수가 들어갈 수 있습니다.

따라서 □ 안에 들어갈 수 있는 가장 작은 자연수는 ☐ 입니다.

답 _____

2. □ 안에 들어갈 수 있는 수 중에서 가장 작은 자연수를 구하세요.

$$5.48 \times 2 < □$$

생각하며 푼다!

$5.48 \times 2 =$ ☐ 이므로 ☐ $< □$ 에서 □ 안에는

_____ 가 들어갈 수 있습니다.

따라서 □ 안에 들어갈 수 있는

_____ 입니다.

답 _____

3. □ 안에 들어갈 수 있는 수 중에서 가장 작은 자연수를 구하세요.

$$4.57 \times 3 < □$$

생각하며 푼다!

답 _____

1. 한 변의 길이가 3.2 cm인 정삼각형의 둘레와 마름모의 한 변의 길이는 같습니다. 이 마름모의 둘레는 몇 cm일까요?

생각하며 푼다!

(정삼각형의 둘레)= [ ] × [ ] = [ ] (cm)
한 변의 길이   변의 수

마름모의 한 변의 길이는 [ ] cm입니다.

(마름모의 둘레)= [ ] × [ ] = [ ] (cm)
한 변의 길이   변의 수

답 _____

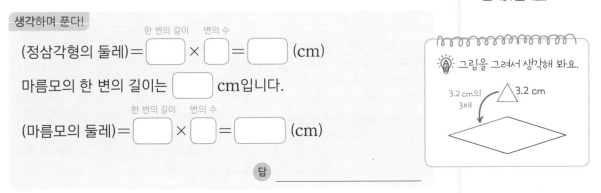

문제에서 숫자는 ◯, 조건 또는 구하는 것은 ___로 표시해 보세요.

그림을 그려서 생각해 봐요.
3.2 cm의 3배 → △ 3.2 cm, 마름모

2. 한 변의 길이가 2.7 cm인 정오각형의 둘레와 정사각형의 한 변의 길이는 같습니다. 이 정사각형의 둘레는 몇 cm일까요?

생각하며 푼다!

(정오각형의 둘레)= _____ = [ ] (cm)

정사각형의 한 변의 길이는 [ ] cm입니다.

(정사각형의 둘레)= _____ = [ ] (cm)

답 _____

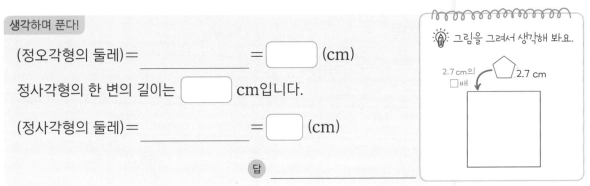

그림을 그려서 생각해 봐요.
2.7 cm의 □배 → ⬠ 2.7 cm, 정사각형

3. 한 변의 길이가 5.4 cm인 정사각형의 둘레와 정삼각형의 한 변의 길이는 같습니다. 이 정삼각형의 둘레는 몇 cm일까요?

생각하며 푼다!

답 _____

1. 찬호는 매일 30분씩 그림을 그립니다. 찬호가 일주일 동안 그림을
그린 시간은 몇 시간인지 소수로 나타내세요.
↳ 7일

생각하며 푼다!

$30분 = \dfrac{\boxed{}}{60}시간 = \dfrac{\boxed{}}{2}시간 = \dfrac{\boxed{}}{10}시간 = \boxed{}$ 시간입니다.

(일주일 동안 그림을 그린 시간)
= (하루에 그림을 그린 시간) × (날수)
= $\boxed{} \times \boxed{} = \boxed{}$ (시간)

답 _____

주어진 조건은 '분' 단위이고, 구하는 것은 '시간' 단위이니까 분 단위를 시간 단위로 바꿔요.

2. 경민이는 매일 15분씩 바빠연산법을 공부합니다. 경민이가 5일
동안 공부한 시간은 몇 시간인지 소수로 나타내세요.

생각하며 푼다!

$15분 = \dfrac{\boxed{}}{60}시간 = \dfrac{\boxed{}}{4}시간 = \dfrac{\boxed{}}{100}시간 = \boxed{}$ 시간입니다.

(5일 동안 공부한 시간) = (하루에 공부한 시간) × ($\boxed{}$)

= _____ = $\boxed{}$ (시간)

식을 써요.

답 _____

이 정도는 외워두면 편리해요.
15분 = $\dfrac{1}{4}$시간 = 0.25시간
30분 = $\dfrac{1}{2}$시간 = 0.5시간
45분 = $\dfrac{3}{4}$시간 = 0.75시간

3. 하영이는 공원을 한 바퀴 걷는 데 24분이 걸립니다. 같은 빠르기로
공원을 3바퀴 걷는 데 걸린 시간은 몇 시간인지 소수로 나타내세요.

생각하며 푼다!

답 _____

1. 우리 학교 축구부 학생들은 매일 2시간 30분씩 축구 연습을 합니다. 월요일부터 수요일까지 축구부 학생들이 축구 연습을 한 시간은 모두 몇 시간인지 소수로 나타내세요.

문제에서 숫자는 ◯,
조건 또는 구하는 것은 ___로
표시해 보세요.

생각하며 푼다!

2시간 30분은 [ ]시간입니다.   소수

(월요일부터 수요일까지 축구 연습을 한 시간)
=(하루에 축구 연습을 한 시간)×(날수)

= [ ] × [ ] = [ ] (시간)   답 _____

60분= [1] 시간
→ 30분= [0.5] 시간

2. 효진이는 매일 1시간 45분씩 독서를 합니다. 일주일 동안 독서를 한 시간은 모두 몇 시간인지 소수로 나타내세요.

생각하며 푼다!

1시간 45분은 [ ]시간입니다.   소수

(일주일 동안 독서를 한 시간)
=([ ])×(날수)

= _____ = [ ] (시간)

답 _____

$45분 = \dfrac{\boxed{45}}{60}$ 시간 $= \dfrac{\boxed{3}}{4}$ 시간

$= \dfrac{\boxed{75}}{100}$ 시간

$= \boxed{0.75}$ 시간

3. 주한이는 매일 7시간 15분씩 잠을 잡니다. 5일 동안 잠을 잔 시간은 모두 몇 시간인지 소수로 나타내세요.

생각하며 푼다!

답 _____

1. 연지는 공원로를 0.6 km씩 아침, 저녁으로 걷습니다. 연지가 15
일 동안 걸은 공원로의 거리는 모두 몇 km일까요?

↳ 걸은 횟수는 하루에 2번

생각하며 푼다!

(하루에 걸은 거리)=(걸은 거리)×(걸은 횟수)

=□×□=□ (km)

(15일 동안 걸은 거리)=(하루에 걸은 거리)×(날수)

=□×□=□ (km)

답 _____

해결 순서

❶ 하루에 걸은 거리 구하기

↓

❷ 15일 동안 걸은 거리 구하기

2. 지성이는 운동장을 매일 1.2 km씩 3바퀴 달립니다. 지성이가 10
월 한 달 동안 운동장을 달린 거리는 모두 몇 km일까요?

생각하며 푼다!

(하루에 달린 거리)=(달린 거리)×(달린 바퀴 수)

=□×□=□ (km)

(10월 한 달 동안 달린 거리)=(□)×(날수)

=_____=□ (km)

답 _____

해결 순서

❶ 하루에 달린 거리 구하기

↓

❷ 10월 한 달 동안 달린 거리 구하기

3. 준서네 가족은 0.5 L짜리 음료수를 하루에 3병 마십니다. 준서네
가족이 12월 한 달 동안 마신 음료수의 양은 모두 몇 L일까요?

생각하며 푼다!

답 _____

1. 7의 0.23배는 얼마일까요?

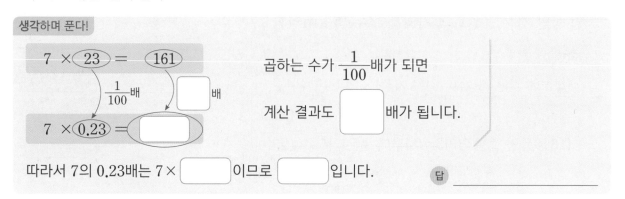

생각하며 푼다!

$7 \times \boxed{23} = \boxed{161}$

$\frac{1}{100}$배 $\downarrow$ $\boxed{}$배

$7 \times \boxed{0.23} = \boxed{}$

곱하는 수가 $\frac{1}{100}$배가 되면

계산 결과도 $\boxed{}$배가 됩니다.

따라서 7의 0.23배는 $7 \times \boxed{}$이므로 $\boxed{}$입니다.

답 _____

2. 6의 4.8배는 얼마일까요?

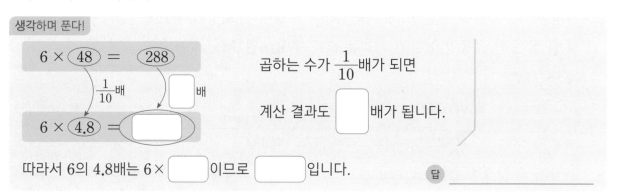

생각하며 푼다!

$6 \times \boxed{48} = \boxed{288}$

$\frac{1}{10}$배 $\downarrow$ $\boxed{}$배

$6 \times \boxed{4.8} = \boxed{}$

곱하는 수가 $\frac{1}{10}$배가 되면

계산 결과도 $\boxed{}$배가 됩니다.

따라서 6의 4.8배는 $6 \times \boxed{}$이므로 $\boxed{}$입니다.

답 _____

3. 9 m의 0.13배는 몇 m일까요?

생각하며 푼다!

$9 \times 13 = 117$이므로 $9 \times 0.13 = \boxed{}$입니다. 따라서 9 m의 0.13배는 $\boxed{}$ m입니다.

답 _____ m

단위를 꼭 써요!

4. 2 L의 1.4배는 몇 L일까요?

생각하며 푼다!

$2 \times 14 = 28$이므로 $2 \times 1.4 = \boxed{}$입니다. 따라서 2 L의 1.4배는 $\boxed{}$ L입니다.

답 _____

1. 어머니의 몸무게는 ⑤⑥kg이고 서영이의 몸무게는 어머니의 몸무게의 ⓪.⑦배입니다. 서영이의 몸무게는 몇 kg일까요?

문제에서 숫자는 ◯,
조건 또는 구하는 것은 ＿＿로
표시해 보세요.

생각하며 푼다!

(서영이의 몸무게)=(어머니의 몸무게)×0.7

$$= \boxed{} \times \boxed{} = \boxed{} \text{ (kg)}$$

답 _____

2. 준형이의 몸무게는 38 kg이고 아버지의 몸무게는 준형이의 몸무게의 1.9배입니다. 아버지의 몸무게는 몇 kg일까요?

생각하며 푼다!

(아버지의 몸무게)=($\boxed{}$ 이의 몸무게)×1.9

$$= \boxed{} \times \boxed{} = \boxed{} \text{ (kg)}$$

답 _____

3. 민지의 몸무게는 40 kg이고 동생의 몸무게는 민지의 몸무게의 0.53배입니다. 동생의 몸무게는 몇 kg일까요?

생각하며 푼다!

($\boxed{}$ 의 몸무게)=($\boxed{}$ 의 몸무게)×0.53

$$= \underline{\hspace{4cm}} = \boxed{} \text{ (kg)}$$

식을 써요.

답 _____

4. 민석이의 몸무게는 43 kg이고 어머니의 몸무게는 민석이의 몸무게의 1.25배입니다. 어머니의 몸무게는 몇 kg일까요?

생각하며 푼다!

답 _____

↱ □라 하고 식을 세워요.

1. 어떤 수에 6을 곱했더니 42가 되었습니다. 어떤 수에 0.6을 곱한 값은 얼마일까요?

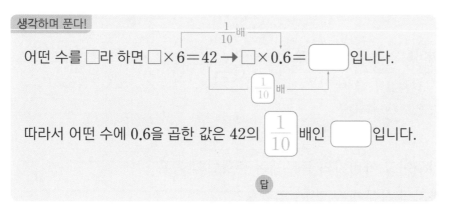

생각하며 푼다!

어떤 수를 □라 하면 □×6=42 ⟶ □×0.6=[   ]입니다.

따라서 어떤 수에 0.6을 곱한 값은 42의 $\frac{1}{10}$ 배인 [   ]입니다.

답 _____

곱하는 수가 $\frac{1}{10}$ 배가 되면

계산 결과도 $\frac{1}{10}$ 배가 됩니다.

2. 어떤 수에 17을 곱했더니 68이 되었습니다. 어떤 수에 0.17을 곱한 값은 얼마일까요?

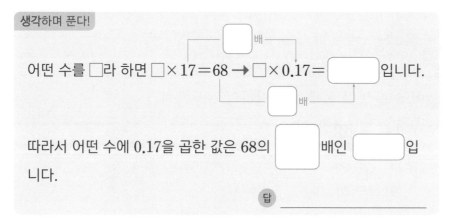

생각하며 푼다!

어떤 수를 □라 하면 □×17=68 ⟶ □×0.17=[   ]입니다.

따라서 어떤 수에 0.17을 곱한 값은 68의 [   ]배인 [   ]입니다.

답 _____

곱하는 수가 $\frac{1}{100}$ 배가 되면

계산 결과도 $\frac{1}{100}$ 배가 됩니다.

3. 어떤 수에 26을 곱했더니 78이 되었습니다. 어떤 수에 0.26을 곱한 값은 얼마일까요?

생각하며 푼다!

답 _____

1. □ 안에 들어갈 수 있는 자연수는 모두 몇 개인지 구하세요.

$$5 \times 4.3 < \square < 9 \times 2.7$$

생각하며 푼다!

$5 \times 4.3 = \boxed{}$, $9 \times 2.7 = \boxed{}$ 에서

$\boxed{} < \square < \boxed{}$ 입니다.

따라서 □ 안에 들어갈 수 있는 자연수는 $\boxed{}$, $\boxed{}$, $\boxed{}$ 로

모두 $\boxed{}$ 개입니다.
답 _____

2. □ 안에 들어갈 수 있는 자연수는 모두 몇 개인지 구하세요.

$$3 \times 1.71 < \square < 4 \times 2.39$$

생각하며 푼다!

$3 \times 1.71 = \boxed{}$, $4 \times 2.39 = \boxed{}$ 에서

$\boxed{} < \square < \boxed{}$ 입니다.

따라서 _____

_____ 입니다.
답 _____

3. □ 안에 들어갈 수 있는 자연수는 모두 몇 개인지 구하세요.

$$6 \times 2.12 < \square < 2 \times 8.57$$

생각하며 푼다!

답 _____

1. 굵기가 일정한 나무 막대 1 m의 무게가 2 kg입니다. 이 나무 막대 76 cm의 무게는 몇 kg인지 소수로 나타내세요.

↳ cm 단위를 m 단위로 바꿔요.

생각하며 푼다!

cm 단위를 m 단위로 바꾸면 76 cm = [ ] m입니다.

(나무 막대 76 cm의 무게)
= (나무 막대 1 m의 무게) × (m 단위의 나무 막대의 길이)
= [ ] × [ ] = [ ] (kg)

답 _____

문제에서 숫자는 ○,
조건 또는 구하는 것은 ___로
표시해 보세요.

주어진 조건은 1 m의
무게이지만, 구하는 것은
76 cm의 무게예요.
먼저 76 cm를 m 단위로
바꾸어 봐요.

2. 굵기가 일정한 철근 1 m의 무게가 3 kg입니다. 이 철근 38 cm의 무게는 몇 kg인지 소수로 나타내세요.

생각하며 푼다!

cm 단위를 m 단위로 바꾸면 38 cm = [ ] m입니다.

(철근 38 cm의 무게)
= (철근 [ ] m의 무게) × (m 단위의 철근의 길이)
= [ ] × [ ] = [ ] (kg)

답 _____

3. 굵기가 일정한 철근 1 m의 무게가 4 kg입니다. 이 철근 143 cm의 무게는 몇 kg인지 소수로 나타내세요.

생각하며 푼다!

답 _____

앗! 실수
단위를 통일하지 않은 상태에서
바로 곱하지 않도록 주의해요.

1. 가로가 30 cm, 세로가 21.8 cm인 직사각형 모양 도화지의 0.3만큼에 그림을 그렸습니다. 그림을 그린 부분의 넓이는 몇 cm²일까요?

생각하며 푼다!

(전체 도화지의 넓이)＝(도화지의 가로)×(도화지의 세로)

$$= \boxed{} × \boxed{} = \boxed{} \ (cm^2)$$

(그림을 그린 부분의 넓이)＝(전체 도화지의 넓이)×0.3

$$= \boxed{} × \boxed{} = \boxed{} \ (cm^2)$$

답 _____

2. 가로가 5 m, 세로가 4.6 m인 직사각형 모양 밭의 0.72만큼에 상추를 심었습니다. 상추를 심은 부분의 넓이는 몇 m²일까요?

생각하며 푼다!

(전체 밭의 넓이)＝(밭의 가로)×(밭의 세로)

$$= \underline{\hspace{3cm}} = \boxed{} \ (m^2)$$

(상추를 심은 부분의 넓이)＝(전체 $\boxed{}$)×0.72

$$= \underline{\hspace{3cm}} = \boxed{} \ (m^2)$$

답 _____

소수점 아래 끝자리 숫자
0은 생략하여 나타내요.
5×4.6=23.0=23

3. 가로가 15 cm이고 세로는 가로의 0.3배인 직사각형이 있습니다. 이 직사각형의 넓이는 몇 cm²일까요?

생각하며 푼다!

답 _____

17. (소수)×(소수) 문장제

1. 0.7의 0.5배는 얼마일까요?

생각하며 푼다!

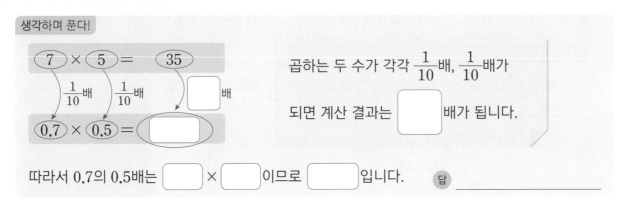

$7 \times 5 = 35$

$\frac{1}{10}$배 $\frac{1}{10}$배 □배

$0.7 \times 0.5 = \boxed{}$

곱하는 두 수가 각각 $\frac{1}{10}$배, $\frac{1}{10}$배가

되면 계산 결과는 □ 배가 됩니다.

따라서 0.7의 0.5배는 □ × □ 이므로 □ 입니다.

답 _____

2. 3.6의 0.18배는 얼마일까요?

생각하며 푼다!

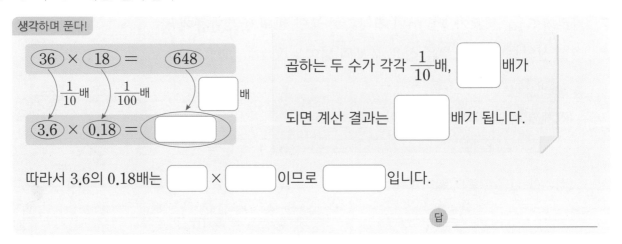

$36 \times 18 = 648$

$\frac{1}{10}$배 $\frac{1}{100}$배 □배

$3.6 \times 0.18 = \boxed{}$

곱하는 두 수가 각각 $\frac{1}{10}$배, □ 배가

되면 계산 결과는 □ 배가 됩니다.

따라서 3.6의 0.18배는 □ × □ 이므로 □ 입니다.

답 _____

3. 1.8 L의 0.2배는 몇 L일까요?

생각하며 푼다!

$18 \times 2 = 36$이므로 $1.8 \times 0.2 = \boxed{}$입니다. 따라서 1.8 L의 0.2배는 □ L입니다.

답 _____ L

단위를 꼭 써요!

4. 2.56 kg의 1.3배는 몇 kg일까요?

생각하며 푼다!

$256 \times 13 = 3328$이므로 $2.56 \times 1.3 = \boxed{}$입니다.

따라서 2.56 kg의 1.3배는 □ kg입니다.

답 _____

문제에서 숫자는 ◯,
조건 또는 구하는 것은 ＿＿로
표시해 보세요.

1. 밑변의 길이가 ◯.6m, 높이가 ◯.34m인 <u>평행사변형의 넓이는 몇</u>
<u>m²</u>일까요?

> 생각하며 푼다!
>
> (평행사변형의 넓이)＝(밑변의 길이)×(높이)
>
> $$= \boxed{} \times \boxed{} = \boxed{} \ (\text{m}^2)$$
>
> 답 ＿＿＿＿＿＿＿＿＿＿

2. 한 변의 길이가 8.4 m인 정사각형의 넓이는 몇 m²일까요?

> 생각하며 푼다!
>
> (정사각형의 넓이)＝(한 변의 길이)×($\boxed{}$)
>
> $$= \boxed{} \times \boxed{} = \boxed{} \ (\text{m}^2)$$
>
> 답 ＿＿＿＿＿＿＿＿＿＿

3. 가로 2.7 m, 세로 0.63 m인 직사각형의 넓이는 몇 m²일까요?

> 생각하며 푼다!
>
>
>
> 답 ＿＿＿＿＿＿＿＿＿＿

4. 가로 4.1 m, 세로 2.3 m인 직사각형과 한 변의 길이가 3.1 m인
정사각형이 있습니다. 어느 도형의 넓이가 몇 m² 더 넓을까요?

> 생각하며 푼다!
>
> (직사각형의 넓이)＝＿＿＿＿＿＿＝ $\boxed{}$ (m²)
>
> (정사각형의 넓이)＝＿＿＿＿＿＿＝ $\boxed{}$ (m²)
>
> 따라서 $\boxed{}$ 이 $\boxed{}$ － $\boxed{}$ ＝ $\boxed{}$ (m²) 더 넓
> 습니다.
>
> 답 ＿＿＿＿＿＿＿, ＿＿＿＿＿＿＿

1. 굵기가 일정한 막대 1 m의 무게가 1.8 kg입니다. 이 막대 54 cm
   의 무게는 몇 kg일까요?

   cm 단위를 m 단위로 바꿔요.

   생각하며 푼다!

   cm 단위를 m 단위로 바꾸면 54 cm = ☐ m입니다.

   (막대 54 cm의 무게)

   　= (막대 1 m의 무게) × (m 단위의 막대의 길이)

   　= ☐ × ☐ = ☐ (kg)

   답 _____

   문제에서 숫자는 ◯,
   조건 또는 구하는 것은 ____로
   표시해 보세요.

   주어진 **조건**은
   1 m의 무게이지만,
   구하는 것은
   54 cm의 무게예요.
   먼저 54 cm를
   m 단위로
   바꾸어 봐요.

2. 굵기가 일정한 철근 1 m의 무게가 4.2 kg입니다. 이 철근 365 cm
   의 무게는 몇 kg일까요?

   생각하며 푼다!

   cm 단위를 m 단위로 바꾸면 365 cm = ☐ m입니다.

   (철근 365 cm의 무게)

   　= (철근 ☐ m의 무게) × (m 단위의 철근의 길이)

   　= _____ = ☐ (kg)

   답 _____

3. 굵기가 일정한 철근 1 m의 무게가 5.1 kg입니다. 이 철근 240 cm
   의 무게는 몇 kg일까요?

   생각하며 푼다!

   답 _____

   앗! 실수
   단위를 통일하지 않은
   상태에서 바로 곱하지
   않도록 주의해요.

잠깐! 주어진 조건은 '시간' 단위이고, 구하는 것은 '분' 단위예요.

1. 민수는 자전거를 타고 한 시간에 12.8 km를 달립니다. 민수가 같은 빠르기로 자전거를 타고 45분 동안 달리는 거리는 몇 km일까요?

↳ 시간 단위로 바꿔요.

생각하며 푼다!

45분을 소수로 나타내면 ◻️시간입니다.

(자전거를 타고 45분 동안 달리는 거리)

＝(한 시간 동안 달리는 거리)×(달리는 시간)

＝◻️×◻️＝◻️ (km)

$45분 = \dfrac{45}{60}시간 = \dfrac{3}{4}시간$

$= \boxed{0.75}시간$

답 _____

2. 한 시간에 71.5 km를 달리는 자동차가 같은 빠르기로 12분 동안 달리는 거리는 몇 km일까요?

생각하며 푼다!

12분을 소수로 나타내면 ◻️시간입니다.

(자동차가 12분 동안 달리는 거리)

＝(한 시간 동안 달리는 거리)×(달리는 시간)

＝ _____ ＝◻️ (km)

$12분 = \dfrac{12}{60}시간 = \dfrac{1}{5}시간$

$= \boxed{0.2}시간$

답 _____

3. 한 시간에 110.5 km를 달리는 기차가 같은 빠르기로 48분 동안 달리는 거리는 몇 km일까요?

생각하며 푼다!

답 _____

↱ (튀어 오른 높이)=(떨어진 높이)×0.6

1. 떨어진 높이의 0.6만큼 튀어 오르는 공이 있습니다. 공을 2.4 m 높이에서 떨어뜨렸을 때 두 번째로 튀어 오른 높이는 몇 m일까요?

문제에서 숫자는 ◯, 조건 또는 구하는 것은 ____로 표시해 보세요.

생각하며 푼다!

(첫 번째로 튀어 오른 높이)=(처음 떨어진 높이)×0.6

$$= \boxed{} \times 0.6 = \boxed{} \text{ (m)}$$

첫 번째로 튀어 오른 높이와 같아요. ↱

(두 번째로 튀어 오른 높이)=(두 번째로 떨어진 높이)×0.6

$$= \boxed{} \times 0.6 = \boxed{} \text{ (m)}$$

답 _____

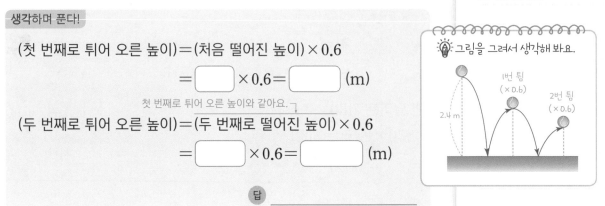

그림을 그려서 생각해 봐요.

1번 팀 (×0.6)
2번 팀 (×0.6)
2.4 m

2. 떨어진 높이의 0.5만큼 튀어 오르는 공이 있습니다. 공을 3.8 m 높이에서 떨어뜨렸을 때 두 번째로 튀어 오른 높이는 몇 m일까요?

생각하며 푼다!

(첫 번째로 튀어 오른 높이)=(처음 떨어진 높이)× $\boxed{}$

$$= \underline{} = \boxed{} \text{ (m)}$$

(두 번째로 튀어 오른 높이)=(두 번째로 떨어진 높이)× $\boxed{}$

$$= \underline{} = \boxed{} \text{ (m)}$$

답 _____

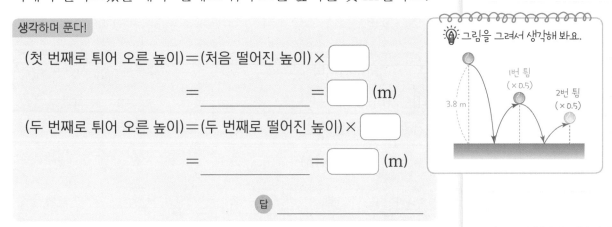

그림을 그려서 생각해 봐요.

1번 팀 (×0.5)
2번 팀 (×0.5)
3.8 m

3. 떨어진 높이의 0.7만큼 튀어 오르는 공이 있습니다. 공을 5.4 m 높이에서 떨어뜨렸을 때 두 번째로 튀어 오른 높이는 몇 m일까요?

생각하며 푼다!

그림을 그려서 생각해 봐요.

답 _____

1. 석진이의 몸무게는 어머니의 몸무게의 0.8배이고, 아버지의 몸무게는 어머니의 몸무게의 1.4배입니다. 어머니의 몸무게가 54.5 kg이라면 아버지의 몸무게는 석진이의 몸무게보다 몇 kg 더 무거울까요?

생각하며 푼다!

(석진이의 몸무게)=(어머니의 몸무게)×0.8

= ☐ × ☐ = ☐ (kg)

(아버지의 몸무게)=(어머니의 몸무게)×1.4

= ☐ × ☐ = ☐ (kg)

따라서 아버지의 몸무게는 석진이의 몸무게보다

☐ − ☐ = ☐ (kg) 더 무겁습니다.

답 _____

2. 지영이의 몸무게는 동생의 몸무게의 1.5배이고, 아버지의 몸무게는 지영이의 몸무게의 1.8배입니다. 동생의 몸무게가 30.5 kg이라면 아버지의 몸무게는 지영이의 몸무게보다 몇 kg 더 무거울까요?

생각하며 푼다!

(지영이의 몸무게)=(☐)×1.5

= _____ = ☐ (kg)

(아버지의 몸무게)=(☐)×1.8

= _____ = ☐ (kg)

따라서 아버지의 몸무게는 지영이의 몸무게보다

_____ = ☐ (kg) 더 무겁습니다.

몸무게의 차를 구하는 식을 써요.

답 _____

앗! 실수

1번 문제와 달라요.
아버지의 몸무게는
지영이의 몸무게를 먼저
구해야 알 수 있어요.

1. 0.35 kg을 10배, 100배, 1000배 한 무게는 각각 몇 kg인지 차례로 구하세요.

생각하며 푼다!

10을 곱하면 곱의 소수점이 오른쪽으로 $\boxed{한}$ 칸 옮겨지므로 0.35×10=$\boxed{}$ (kg)입니다.

100을 곱하면 곱의 소수점이 오른쪽으로 $\boxed{}$ 칸 옮겨지므로 0.35×100=$\boxed{}$ (kg)입니다.

1000을 곱하면 곱의 소수점이 오른쪽으로 $\boxed{}$ 칸 옮겨지므로 0.35×1000=$\boxed{}$ (kg)입니다.

답 _____ kg , _____ kg , _____ kg

단위를 꼭 써요!

2. 280 L를 0.1배, 0.01배, 0.001배 한 양은 각각 몇 L인지 차례로 구하세요.

생각하며 푼다!

0.1을 곱하면 곱의 소수점이 왼쪽으로 $\boxed{한}$ 칸 옮겨지므로 280×0.1=$\boxed{}$ (L)입니다.

0.01을 곱하면 곱의 소수점이 왼쪽으로 $\boxed{}$ 칸 옮겨지므로 280×0.01=$\boxed{}$ (L)입니다.

0.001을 곱하면 곱의 소수점이 왼쪽으로 $\boxed{}$ 칸 옮겨지므로 280×0.001=$\boxed{}$ (L)입니다.

답 _____ , _____ , _____

3. 0.936 m의 100배는 몇 m일까요?

생각하며 푼다!

0.936×100=$\boxed{}$ 이므로 0.936 m의 100배는 $\boxed{}$ m입니다.

답 _____

4. 407 km의 0.001배는 몇 km일까요?

생각하며 푼다!

407×0.001=$\boxed{}$ 이므로 407 km의 0.001배는 $\boxed{}$ km입니다.

답 _____

1. 노란색 테이프의 길이는 ⟨15.4⟩cm이고, 초록색 테이프의 길이는 노란색 테이프의 길이의 ⟨10⟩배입니다. <u>초록색 테이프의 길이는 몇 m일까요?</u>

문제에서 숫자는 ○,
조건 또는 구하는 것은 ___로
표시해 보세요.

생각하며 푼다!

15.4의 10배는 $15.4 \times 10 =$ ☐ 이므로 초록색 테이프의 길이는

☐ cm입니다.

따라서 100 cm = ☐ m이므로 ☐ cm = ☐ m입니다.

답 _____

해결 순서

❶ 15.4 cm의 10배의 길이 구하기

↓

❷ 구한 길이를 m 단위로 나타내기

2. 파란색 끈의 길이는 23.6 cm이고, 빨간색 끈의 길이는 파란색 끈의 길이의 100배입니다. 빨간색 끈의 길이는 몇 m일까요?

생각하며 푼다!

23.6의 100배는 $23.6 \times$ ☐ $=$ ☐ 이므로 빨간색 끈의

길이는 ☐ cm입니다.

따라서 100 cm = ☐ m이므로 ☐ cm = ☐ m입니다.

답 _____

3. 나무 막대의 길이는 9.8 cm이고, 철사의 길이는 나무 막대의 길이의 1000배입니다. 철사의 길이는 몇 m일까요?

생각하며 푼다!

답 _____

1. □ 안에 알맞은 수를 구하세요.

$$1.68 \times \square = 16.8$$

1.68에 □를 곱하면 16.8이 돼요.

생각하며 푼다!

1.68이 16.8이 되도록 소수점을 옮겨 가며 생각해 봐요.

$$1.68 \rightarrow 16.8$$
1칸

1.68에 10, 100, 1000을 곱하면 각각 곱의 소수점이 오른쪽으로 한

칸, ☐칸, ☐칸 옮겨집니다.

따라서 1.68에서 곱의 소수점이 ☐쪽으로 ☐칸 옮겨진 수가

16.8이므로 □= ☐ 입니다.

답 _____

2. □ 안에 알맞은 수를 구하세요.

$$3.5 \times \square = 0.035$$

3.5에 □를 곱하면 0.035가 돼요.

생각하며 푼다!

3.5가 0.035가 되도록 소수점을 직접 옮겨 봐요.

$$3.5 \rightarrow 0.035$$

3.5에 0.1, 0.01, 0.001을 곱하면 각각 곱의 소수점이 왼쪽으로 한

칸, ☐칸, ☐칸 옮겨집니다.

따라서 3.5에서 곱의 소수점이 ☐쪽으로 ☐칸 옮겨진 수가

0.035이므로 □= ☐ 입니다.

답 _____

소수점을 왼쪽으로 옮길 때
소수점을 옮길 자리가
없으면 0을 더 채워
쓰면서 옮겨요.

0.035
2칸 1칸

1. 어떤 수에 10을 곱했더니 14가 되었습니다. 어떤 수는 얼마일까요?

생각하며 푼다!

어떤 수에 10을 곱하면 소수점이 ☐ 쪽으로 한 칸 옮겨집니다.

어떤 수에서 소수점이 ☐ 쪽으로 한 칸 옮겨진 수가 14이므로

어떤 수는 14에서 소수점을 왼쪽으로 한 칸 옮긴 수인 ☐ 입니다.

답 _____

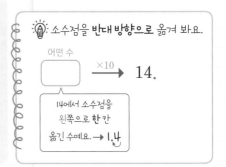

2. 어떤 수에 100을 곱했더니 29가 되었습니다. 어떤 수는 얼마일까요?

생각하며 푼다!

어떤 수에 100을 곱하면 소수점이 오른쪽으로 ☐ 칸 옮겨집니다.

어떤 수에서 _____ 가

29이므로 어떤 수는 29에서 소수점을 _____

_____ 입니다.

답 _____

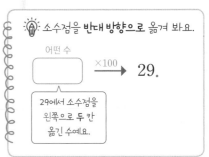

3. 어떤 수에 1000을 곱했더니 370이 되었습니다. 어떤 수는 얼마일까요?

생각하며 푼다!

답 _____

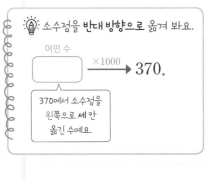

1. 어떤 수에 0.1을 곱했더니 0.9가 되었습니다. 어떤 수는 얼마일까요?

생각하며 푼다!

어떤 수에 0.1을 곱하면 소수점이 ☐쪽으로 한 칸 옮겨집니다.

어떤 수에서 소수점이 ☐쪽으로 한 칸 옮겨진 수가 0.9이므로

어떤 수는 0.9에서 소수점을 오른쪽으로 한 칸 옮긴 수인 ☐입니다.

답 _____

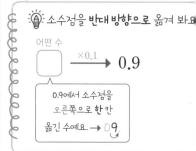

2. 어떤 수에 0.01을 곱했더니 0.58이 되었습니다. 어떤 수는 얼마일까요?

생각하며 푼다!

어떤 수에 0.01을 곱하면 소수점이 왼쪽으로 ☐칸 옮겨집니다.

어떤 수에서 _____ 가

0.58이므로 어떤 수는 0.58에서 소수점을 _____

_____ 입니다.

답 _____

3. 어떤 수에 0.001을 곱했더니 6.27이 되었습니다. 어떤 수는 얼마일까요?

생각하며 푼다!

답 _____

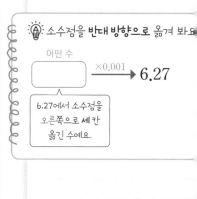

19. 소수의 곱셈 활용 문장제

문제에서 숫자는 ◯,
조건 또는 구하는 것은 _____로
표시해 보세요.

1. 어떤 수에 ⓪0.36 을 곱해야 할 것을 잘못하여 더했더니 ⓪0.86 이 되었습니다. 바르게 계산하면 얼마인지 구하세요.

생각하며 푼다!

어떤 수를 □라 하면

□+0.36 = [ ] , □ = [ ] − [ ] = [ ] 입니다.
                                        어떤 수

따라서 바르게 계산하면 [ ] × [ ] = [ ] 입니다.
                         어떤 수

답 _____

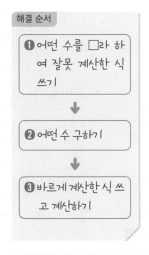
해결 순서

❶ 어떤 수를 □라 하여 잘못 계산한 식 쓰기

↓

❷ 어떤 수 구하기

↓

❸ 바르게 계산한 식 쓰고 계산하기

2. 어떤 수에 3.5를 곱해야 할 것을 잘못하여 뺐더니 5.7이 되었습니다. 바르게 계산하면 얼마인지 구하세요.

생각하며 푼다!

어떤 수를 □라 하면

□ − [ ] = [ ] , □ = [ ] + [ ] = [ ] 입니다.
                                          어떤 수

따라서 바르게 계산하면 _____ = [ ] 입니다.

답 _____

3. 어떤 수에 7.6을 곱해야 할 것을 잘못하여 더했더니 11.3이 되었습니다. 바르게 계산하면 얼마인지 구하세요.

생각하며 푼다!

답 _____

앗! 실수

구하는 것은 바르게 계산한 결과예요. 어떤 수만 구하고 멈추지 않도록 주의해요.

1. ⑤, ③, ④, ② 4장의 수 카드를 한 번씩 모두 사용하여
곱이 가장 크게 되는 (소수 한 자리 수)×(소수 한 자리 수)의 곱
셈식을 만들고, 그 곱을 구하세요.

생각하며 푼다!

☐>☐>☐>☐이므로 곱이 가장 크게 되는 곱셈식을 만
들려면 두 소수의 자연수 부분에는 5와 ☐가 들어가야 합니다.
만들 수 있는 곱셈식과 곱을 구하면
5.2 × 4.☐ = ☐,
5.☐ × 4.☐ = ☐ 입니다.
따라서 곱이 가장 크게 되는 곱셈식은
☐.☐ × ☐.☐ = ☐ 입니다.

답 _____

곱이 가장 크게 되는 곱셈식

→ 가장 큰 수 → 둘째로 큰 수

→ ☐.▨ × ☐.▨

2. ④, ①, ⑨, ⑥ 4장의 수 카드를 한 번씩 모두 사용하여
곱이 가장 크게 되는 (소수 한 자리 수)×(소수 한 자리 수)의 곱
셈식을 만들고, 그 곱을 구하세요.

생각하며 푼다!

☐>☐>☐>☐이므로 곱이 가장 크게 되는 곱셈식을 만
들려면 두 소수의 자연수 부분에는 ☐와 ☐이 들어가야 합니다.

풀이를 완성해요.

답 _____

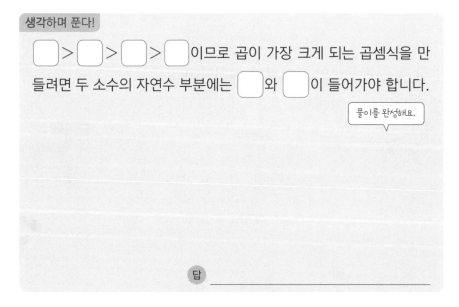

수의 크기가
①>②>③>④일 때
곱이 가장 크게 되는
(소수 한 자리 수)
×(소수 한 자리 수)는

①.④
× ②.③

시계 반대 방향(↰)으로
큰 수부터 차례로 쓰면 돼요.

1. ③, ②, ①, ⑦ 4장의 수 카드를 한 번씩만 사용하여 곱이 가장 작게 되는 (소수 한 자리 수)×(소수 한 자리 수)의 곱셈식을 만들고, 그 곱을 구하세요.

생각하며 푼다!

☐<☐<☐<☐이므로 곱이 가장 작게 되는 곱셈식을 만들려면 두 소수의 자연수 부분에는 ①과 ☐가 들어가야 합니다.

만들 수 있는 곱셈식과 곱을 구하면

☐.☐×☐.☐=☐,

☐.☐×☐.☐=☐입니다.

따라서 곱이 가장 작게 되는 곱셈식은

☐.☐×☐.☐=☐입니다.

답 _____

곱이 가장 작게 되는 곱셈식

↱가장 작은 수 ↱둘째로 작은 수
→ ☐.■×☐.■

2. ⑨, ⑥, ④, ③ 4장의 수 카드를 한 번씩만 사용하여 곱이 가장 작게 되는 (소수 한 자리 수)×(소수 한 자리 수)의 곱셈식을 만들고, 그 곱을 구하세요.

생각하며 푼다!

☐<☐<☐<☐이므로 곱이 가장 작게 되는 곱셈식을 만들려면 두 소수의 자연수 부분에는 ☐과 ☐가 들어가야 합니다.

풀이를 완성해요.

답 _____

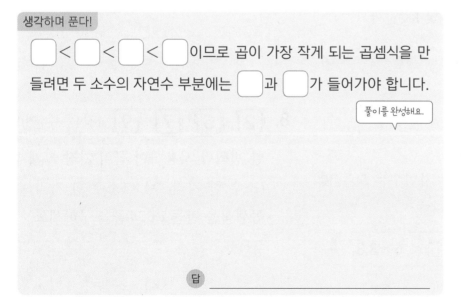

수의 크기가
①<②<③<④일 때
곱이 가장 작게 되는
(소수 한 자리 수)
×(소수 한 자리 수)는

①.③
×②.④

↘방향으로 작은 수부터 차례로 쓰면 돼요.

4. 소수의 곱셈

1. 민서는 매일 공원을 1.2 km씩 걷습니다. 민서가 일주일 동안 걸은 거리는 몇 km일까요?

( )

2. 주영이는 매일 24분씩 바빠연산법을 공부합니다. 주영이가 11월 한 달 동안 공부한 시간은 몇 시간일까요?

( )

3. 서윤이의 몸무게는 40 kg이고 어머니의 몸무게는 서윤이의 몸무게의 1.34배입니다. 어머니의 몸무게는 몇 kg일까요?

( )

4. ☐ 안에 들어갈 수 있는 자연수는 모두 몇 개인지 구하세요.

$$4 \times 3.9 < \square < 6 \times 3.8$$

( )

5. 가로가 1.8 m, 세로가 0.95 m인 직사각형의 넓이는 몇 m^2일까요?

( )

6. 굵기가 일정한 철근 1 m의 무게가 4.6 kg입니다. 이 철근 720 cm의 무게는 몇 kg일까요?

( )

7. 떨어진 높이의 0.72만큼 튀어 오르는 공이 있습니다. 공을 5 m 높이에서 떨어뜨렸을 때 두 번째로 튀어 오른 높이는 몇 m일까요? (20점)

( )

8. 2 , 5 , 7 , 9 4장의 수 카드를 한 번씩만 사용하여 곱이 가장 크게 되는 (소수 한 자리 수)×(소수 한 자리 수)의 곱셈식을 만들고, 그 곱을 구하세요. (20점)

☐ × ☐ = ☐

다섯째 마당

나 혼자 풀이 과정을 완성하는

직육면체

다섯째 마당에서는 **직육면체를 이용한 문장제**를 배웁니다.
직육면체는 물건을 담는 상자, 각 티슈 등 우리 주변에서
자주 볼 수 있는 입체도형이에요. 먼저 주변에서 직육면체를 찾아
관찰해 보면 직육면체를 이해하는 데 도움이 될 거예요.

직육면체를 직접 그려 보는 것도 좋아요.
보이는 모서리는 실선으로, 보이지 않는 모서리는 점선으로
그린 다음 면, 모서리, 꼭짓점을 각각 찾아봐요!

1. 직육면체의 면, 모서리, 꼭짓점의 수의 합은 몇 개일까요?

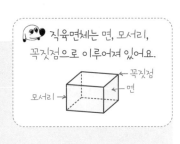
🐶 직육면체는 면, 모서리, 꼭짓점으로 이루어져 있어요.

생각하며 푼다!

직육면체의 면은 ☐개, 모서리는 ☐개, 꼭짓점은 ☐개입니다.

따라서 직육면체의 면, 모서리, 꼭짓점의 수의 합은

$$\underset{\text{면}}{\boxed{}} + \underset{\text{모서리}}{\boxed{}} + \underset{\text{꼭짓점}}{\boxed{}} = \boxed{}\text{(개)입니다.}$$

답 _____ 개

단위를 꼭 써요!

2. 직육면체에서 길이가 4 cm, 6 cm, 3 cm인 모서리는 각각 몇 개일까요?

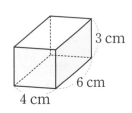

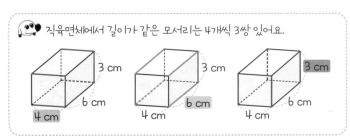
🐶 직육면체에서 길이가 같은 모서리는 4개씩 3쌍 있어요.

생각하며 푼다!

직육면체에는 길이가 4 cm인 모서리가 ☐개, 6 cm인 모서리가 ☐개, 3 cm인 모서리가

☐개 있습니다.

답 4 cm: _____ , 6 cm: _____ , 3 cm: _____

3. 오른쪽 정육면체에서 길이가 8 cm인 모서리는 몇 개일까요?

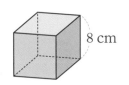
8 cm

생각하며 푼다!

정육면체는 정사각형 ☐개로 둘러싸여 있으므로 ☐개의 모서리의 길이가 모두 같습니다.

따라서 정육면체에서 길이가 8 cm인 모서리는 ☐개입니다.

답 _____

1. 오른쪽 직육면체에서 <u>모든 모서리 길이의 합은</u>
   <u>몇 cm</u>일까요?

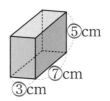

⑤cm
⑦cm
③cm

문제에서 숫자는 ◯,
조건 또는 구하는 것은 ___로
표시해 보세요.

생각하며 푼다!

직육면체에는 길이가 3 cm, 7 cm, ☐ cm인 모서리가 각각

☐ 개씩 있습니다.

(모든 모서리 길이의 합)

= (3+7+☐) × ☐ = ☐ × ☐ = ☐ (cm)

답 _____

모든 모서리 길이의 합을
3×4+7×4+5×4로
구하는 방법도 있어요.

2. 오른쪽 직육면체에서 모든 모서리 길이의
   합은 몇 cm일까요?

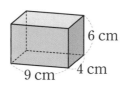

6 cm
9 cm   4 cm

생각하며 푼다!

직육면체에는 길이가 9 cm, ☐ cm, ☐ cm인 모서리가 각각

☐ 개씩 있습니다.

(모든 모서리 길이의 합)

= (_____) × ☐ = ☐ × ☐ = ☐ (cm)

답 _____

3. 오른쪽 직육면체에서 모든 모서리 길이의
   합은 몇 cm일까요?

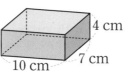

4 cm
10 cm   7 cm

생각하며 푼다!

답 _____

1. 오른쪽 정육면체에서 모든 모서리 길이의 합은
   몇 cm일까요?

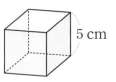

5 cm

문제에서 숫자는 ◯,
조건 또는 구하는 것은 ____로
표시해 보세요.

생각하며 푼다!

정육면체는 ☐ 개의 모서리의 길이가 모두 같습니다.
따라서 모든 모서리 길이의 합은
(한 모서리의 길이) × (모서리의 수) = ☐ × ☐ = ☐ (cm)
입니다.

답 _____

2. 한 모서리의 길이가 4 cm인 정육면체가 있습니다. 이 정육면체
   에서 모든 모서리 길이의 합은 몇 cm일까요?

생각하며 푼다!

정육면체는 _____ 의 길이가 모두 같습니다.
따라서 모든 모서리 길이의 합은
(_____) × (모서리의 수)

= _____ = ☐ (cm)입니다.

답 _____

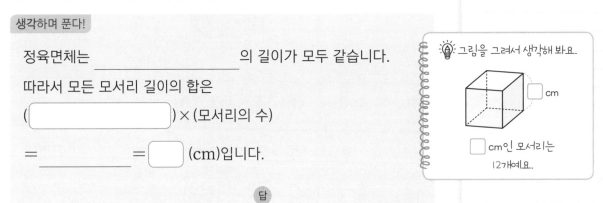

그림을 그려서 생각해 봐요.

☐ cm

☐ cm인 모서리는
12개예요.

3. 한 모서리의 길이가 7 cm인 정육면체가 있습니다. 이 정육면체
   에서 모든 모서리 길이의 합은 몇 cm일까요?

생각하며 푼다!

답 _____

1. 오른쪽 직육면체에서 보이는 모서리 길이의 합은 몇 cm일까요?

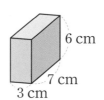

6 cm
7 cm
3 cm

생각하며 푼다!

직육면체에서 보이는 모서리는 3 cm, 7 cm, ☐ cm인 모서리가

각각 ☐개씩 있습니다.

따라서 보이는 모서리 길이의 합은

$(3+$ ☐ $+$ ☐ $)\times 3=$ ☐ $\times 3=$ ☐ (cm)입니다.

답 _____

2. 오른쪽 정육면체에서 보이는 모서리 길이의 합은 몇 cm일까요?

6 cm

생각하며 푼다!

정육면체는 ☐개의 모서리의 길이가 모두 같고 보이는 모서리는

☐ cm인 모서리가 ☐개입니다.

┌한 변의 길이

따라서 보이는 모서리 길이의 합은 ☐ $\times$ ☐ $=$ ☐ (cm)입니다.

답 _____

3. 오른쪽 직육면체에서 보이는 모서리 길이의 합은 몇 cm일까요?

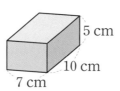

5 cm
10 cm
7 cm

생각하며 푼다!

답 _____

직육면체에서 보이는 모서리는 실선으로 나타낸 모서리예요.

1. 오른쪽 직육면체에서 보이지 않는 모서리 길이의 합은 몇 cm일까요?

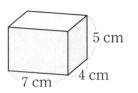

5 cm
7 cm   4 cm

문제에서 숫자는 ◯, 조건 또는 구하는 것은 ____로 표시해 보세요.

생각하며 푼다!

직육면체에서 보이지 않는 모서리는 7 cm, 4 cm, ☐ cm인

모서리가 각각 ☐ 개씩 있습니다.

따라서 보이지 않는 모서리 길이의 합은

7+☐+☐=☐ (cm)입니다.

답 _____

💡 보이지 않는 모서리를 점선으로 그려 봐요.

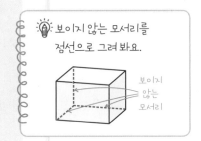

보이지 않는 모서리

2. 오른쪽 정육면체에서 보이지 않는 모서리 길이의 합은 몇 cm일까요?

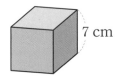

7 cm

생각하며 푼다!

정육면체는 ☐ 개의 모서리의 길이가 모두 같고 보이지 않는

모서리는 ☐ cm인 모서리가 ☐ 개입니다.

따라서 보이지 않는 모서리 길이의 합은 ☐ × ☐ = ☐ (cm)
입니다.

┌─한 변의 길이

답 _____

💡 보이지 않는 모서리를 점선으로 그려 봐요.

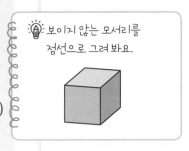

3. 오른쪽 직육면체에서 보이지 않는 모서리 길이의 합은 몇 cm일까요?

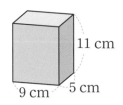

11 cm
9 cm   5 cm

생각하며 푼다!

답 _____

💡 보이지 않는 모서리를 점선으로 그려 봐요.

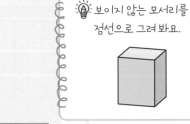

1. 오른쪽 직육면체에서 색칠한 면의 네 변의 길이
의 합은 몇 cm일까요?

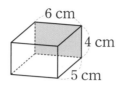

6 cm
4 cm
5 cm

생각하며 푼다!

색칠한 면은 가로가 ◻ cm, 세로가 ◻ cm인 직사각형입니다.
따라서 색칠한 면의 네 변의 길이의 합은

가로　세로

(◻ + ◻) × 2 = ◻ × 2 = ◻ (cm)입니다.

답 _____

가로가 6 cm, 세로가
4 cm인 직사각형의
둘레는 6+4+6+4
또는 (6+4)×2로
구할 수 있어요.

2. 오른쪽 직육면체에서 색칠한 면과 평행한 면의 네
변의 길이의 합은 몇 cm일까요?

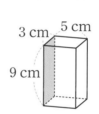

3 cm 5 cm
9 cm

생각하며 푼다!

색칠한 면과 평행한 면의 네 변의 길이의 합은 색칠한 면의 네 변
의 길이의 합과 같습니다.
따라서 색칠한 면은 가로가 ◻ cm, 세로가 ◻ cm인 직사각형
이므로 (_____) × ◻ – ◻ × ◻ = ◻ (cm)입니다.

답 _____

직육면체에서 평행한
두 면은 모양과 크기가
같아요.

3. 오른쪽 직육면체에서 색칠한 면과 평행한
면의 네 변의 길이의 합은 몇 cm일까요?

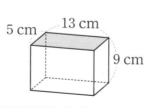

5 cm 13 cm
9 cm

생각하며 푼다!

답 _____

21. 직육면체와 정육면체의 활용 문장제

1. 모든 모서리 길이의 합이 ㊲cm인 정육면체가 있습니다. 이 정육면체에서 한 모서리의 길이는 몇 cm일까요?

> **생각하며 푼다!**
>
> 정육면체는 ⬜개의 모서리의 길이가 모두 같습니다.
>
> (한 모서리의 길이)
>
> =(모든 모서리 길이의 합)÷(모서리의 수)
>
> =⬜÷⬜=⬜ (cm)
>
> 답 _____

문제에서 숫자는 ◯,
조건 또는 구하는 것은 ____로
표시해 보세요.

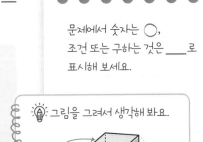

💡 그림을 그려서 생각해 봐요.

모든 모서리
길이의 합
: 36 cm

• 모서리의 수: 12개
• 모서리의 길이: 모두 같아요.

2. 모든 모서리 길이의 합이 96 cm인 정육면체가 있습니다. 이 정육면체에서 한 모서리의 길이는 몇 cm일까요?

> **생각하며 푼다!**
>
> 정육면체는 ⬜개의 모서리의 길이가 모두 [   ].
>
> (한 모서리의 길이)
>
> =([   ])÷(모서리의 수)
>
> = _____ =⬜ (cm)
>
> 답 _____

3. 모든 모서리 길이의 합이 84 cm인 정육면체가 있습니다. 이 정육면체에서 한 모서리의 길이는 몇 cm일까요?

> **생각하며 푼다!**
>
>
>
>
>
> 답 _____

1. 오른쪽 직육면체와 모든 모서리 길이의 합이
같은 정육면체가 있습니다. 이 정육면체에서
한 모서리의 길이는 몇 cm일까요?

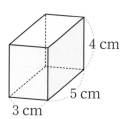

4 cm
5 cm
3 cm

생각하며 푼다!

직육면체에는 길이가 3 cm, 5 cm, ☐ cm인 모서리가 각각

☐개씩 있습니다.

(직육면체에서 모든 모서리 길이의 합)

= (3+☐+☐)×☐ = ☐×☐ = ☐ (cm)

정육면체에서 모든 모서리 길이의 합은 ☐ cm입니다.

(정육면체에서 한 모서리의 길이)

= (모든 모서리 길이의 합)÷(모서리의 수)

= ☐÷☐ = ☐ (cm)   답 _____

해결 순서

❶ 직육면체에서 **모든 모서리 길이의 합** 구하기

↓

❷ 정육면체에서 **한 모서리의 길이** 구하기

2. 오른쪽 직육면체와 모든 모서리 길이의 합이
같은 정육면체가 있습니다. 이 정육면체에서
한 모서리의 길이는 몇 cm일까요?

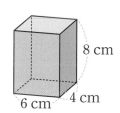

8 cm
6 cm 4 cm

생각하며 푼다!

직육면체에는 길이가 _____인 모서리가

각각 _____.

(직육면체에서 모든 모서리 길이의 합)

= (_____)×☐ = ☐×☐ = ☐ (cm)

정육면체에서 모든 모서리 길이의 합은 ☐ cm입니다.

(정육면체에서 한 모서리의 길이)

= (모든 모서리 길이의 합)÷(_____)

= _____ = ☐ (cm)   답 _____

1. 모든 모서리 길이의 합이 60 cm인 정육면체가 있습니다. 이 정육면체 한 면의 네 변의 길이의 합은 몇 cm일까요?

> **생각하며 푼다!**
>
> (한 모서리의 길이)=(모든 모서리 길이의 합)÷(모서리의 수)
>
> =☐÷☐=☐ (cm)
>
> 정육면체의 한 면은 한 변의 길이가 ☐ cm인 정사각형입니다.
>
> 한 변   변의 수
> (정육면체 한 면의 네 변의 길이의 합)=☐×☐=☐ (cm)
>
> 답 _____

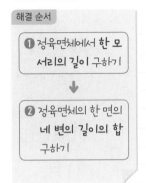

2. 모든 모서리 길이의 합이 120 cm인 정육면체가 있습니다. 이 정육면체 한 면의 넓이는 몇 cm²일까요?

> **생각하며 푼다!**
>
> (☐)=(모든 모서리 길이의 합)÷(모서리의 수)
>
> =_____=☐ (cm)
>
> 정육면체의 한 면은 한 변의 길이가 _____ 입니다.
>
> 한 변   한 변
> (정육면체 한 면의 넓이)=☐×☐=☐ (cm²)
>
> 답 _____

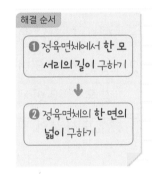

3. 모든 모서리 길이의 합이 108 cm인 정육면체가 있습니다. 이 정육면체 한 면의 넓이는 몇 cm²일까요?

> **생각하며 푼다!**
>
>
>
>
> 답 _____

해결 순서
❶ 정육면체에서 한 모서리의 길이 구하기
↓
❷ 정육면체의 한 면의 네 변의 길이의 합 구하기

해결 순서
❶ 정육면체에서 한 모서리의 길이 구하기
↓
❷ 정육면체의 한 면의 넓이 구하기

1. 오른쪽 직육면체에서 모든 모서리 길이의 합은 40 cm입니다. ㉠에 알맞은 수를 구하세요.

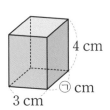

4 cm
㉠ cm
3 cm

생각하며 푼다!

직육면체에는 길이가 3 cm, ㉠ cm, 4 cm인 모서리가 각각 ☐개씩 있습니다.

따라서 (3+㉠+☐)×4=☐, 3+㉠+☐=☐, ㉠=☐입니다.

답 _____

다른 방법으로도 생각하며 푼다!

직육면체에는 길이가 같은 모서리가 ☐개씩 있으므로

3×☐+4×☐=☐ (cm)에서 ㉠ cm인 모서리의 길이의 [┌ 3 cm, 4 cm인 모서리 길이의 합]

합은 40−☐=☐ (cm)입니다. [┌ 모든 모서리 길이의 합]

따라서 ㉠×4=☐, ㉠=☐입니다.

답 _____

2. 오른쪽 직육면체에서 모든 모서리 길이의 합은 56 cm입니다. ㉠에 알맞은 수를 구하세요.

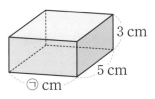

3 cm
5 cm
㉠ cm

생각하며 푼다!

직육면체에는 길이가 ㉠ cm, 5 cm, _____ 씩 있습니다.

따라서 (㉠+☐+☐)×4=☐, ㉠+☐+☐=☐, ㉠=☐입니다.

답 _____

5. 직육면체

1. 직육면체에서 모든 모서리 길이의 합은 몇 cm일까요?

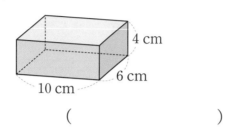

( )

2. 한 모서리의 길이가 8 cm인 정육면체가 있습니다. 이 정육면체에서 모든 모서리 길이의 합은 몇 cm일까요?

( )

3. 직육면체에서 보이지 않는 모서리 길이의 합은 몇 cm일까요?

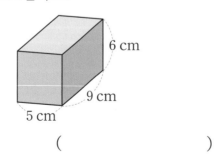

( )

4. 모든 모서리 길이의 합이 72 cm인 정육면체가 있습니다. 이 정육면체의 한 모서리 길이는 몇 cm일까요?

( )

5. 직육면체와 모든 모서리 길이의 합이 같은 정육면체가 있습니다. 이 정육면체에서 한 모서리의 길이는 몇 cm일까요? (30점)

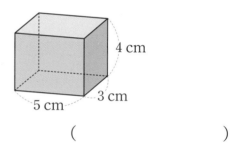

( )

6. 모든 모서리 길이의 합이 144 cm인 정육면체가 있습니다. 이 정육면체의 한 면의 넓이는 몇 cm^{2}일까요? (30점)

( )

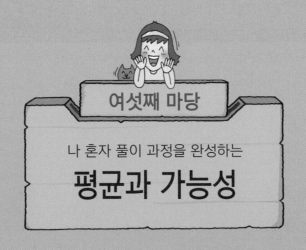

여섯째 마당

나 혼자 풀이 과정을 완성하는
평균과 가능성

여섯째 마당에서는 **평균과 가능성을 이용한 문장제**를 배웁니다.
일상생활에서 '평균적으로'라는 말을 들어 본 적 있나요?
자료를 대표하는 값인 평균을 구하는 생활 속 문장제를 해결해 보세요.

자료가 여러 개이면 자료값의 합을 구할 때
더해서 몇십이 되는 수를 찾아 먼저 더해 보세요.
계산이 쉽고 실수도 줄일 수 있어요!

22. 평균 구하기 문장제

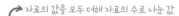
자료의 값을 모두 더해 자료의 수로 나눈 값

1. 다음 수들의 평균을 구하세요.

> 1부터 10까지의 수 중 홀수

생각하며 푼다!

자료의 수: 5

1부터 10까지의 수 중 홀수는 ☐, ☐, ☐, ☐, ☐ 입니다.

(평균)＝(자료의 값을 모두 더한 수)÷(자료의 수)

＝(☐＋☐＋☐＋☐＋☐)÷☐

＝☐÷☐＝☐

답 _____

2. 다음 중 다섯 수의 평균보다 큰 수를 모두 찾아 쓰세요.

> 7   11   13   10   19

생각하며 푼다!   자료의 수를 차례로 써요.

(평균)＝(☐＋☐＋☐＋☐＋☐)÷☐＝ _____ ＝☐

식을 써요.

따라서 다섯 수의 평균보다 큰 수는 ☐, ☐ 입니다.

답 _____

3. 제기차기 기록을 나타낸 것입니다. 제기차기 기록의 평균은 몇 개인지 구하세요.

> 30개   38개   52개   40개

생각하며 푼다!

(평균)＝(☐＋☐＋☐＋☐)÷☐

＝ _____ ＝☐ (개)

따라서 제기차기 기록의 평균은 ☐ 개입니다.

답 _____ 개

단위를 꼭 써요!

1. 수지네 모둠의 <u>단체 줄넘기 기록의 평균은 몇 번</u>일까요?

단체 줄넘기 기록

회	1회	2회	3회	4회
기록(번)	⑭	⑫	⑮	⑲

생각하며 푼다!

(평균)=(줄넘기 기록의 합)÷(횟수) 〔표에 있는 수를 차례로 써요.〕

= (☐ + ☐ + ☐ + ☐) ÷ ☐

= ☐ ÷ ☐ = ☐ (번)   답 _____

2. 현우네 모둠의 윗몸 말아 올리기 기록의 평균은 몇 회일까요?

윗몸 말아 올리기 기록

이름	현우	민서	진혁	재영
기록(회)	25	31	26	34

생각하며 푼다!

(평균)=(_____)÷(모둠원 수)

= (☐ + ☐ + ☐ + ☐) ÷ ☐

= _____ = ☐ (회)

답 _____

3. 효진이네 모둠의 훌라후프 돌리기 기록의 평균은 몇 번일까요?

훌라후프 돌리기 기록

이름	효진	정우	소현	진호
기록(번)	45	55	37	63

생각하며 푼다!

 답 _____

문제에서 숫자는 ◯,
조건 또는 구하는 것은 ___로
표시해 보세요.

1. 세윤이네 가족의 몸무게를 재었더니 아버지는 74 kg, 어머니는 53 kg, 세윤이는 38 kg이었습니다. 세 사람의 몸무게의 평균은 몇 kg일까요?

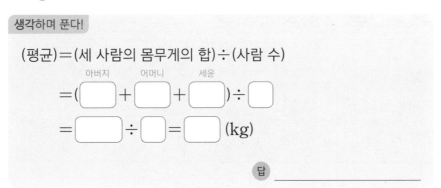

생각하며 푼다!

(평균)=(세 사람의 몸무게의 합)÷(사람 수)

아버지   어머니   세윤

=(□+□+□)÷□

=□÷□=□ (kg)

답 _____

2. 현진이의 국어 점수는 92점, 수학 점수는 88점, 사회 점수는 76점, 과학 점수는 84점입니다. 네 과목 점수의 평균은 몇 점일까요?

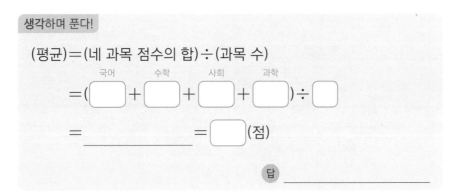

생각하며 푼다!

(평균)=(네 과목 점수의 합)÷(과목 수)

국어   수학   사회   과학

=(□+□+□+□)÷□

=_____=□(점)

답 _____

3. 정민이네 학교 5학년 학생 수는 1반이 31명, 2반이 27명, 3반이 29명, 4반이 28명, 5반이 25명입니다. 반별 학생 수의 평균은 몇 명일까요?

생각하며 푼다!

답 _____

1. 선우네 모둠 학생들이 사과 따기 체험 농장에서 딴 사과 수를 조사한 것입니다. 한 사람이 딴 사과 수의 평균보다 딴 사과 수가 더 많은 학생은 모두 몇 명일까요?

선우네 모둠 학생들이 딴 사과 수   (단위: 개)

4	7	11	6	9	5	6	8

생각하며 푼다!

(평균)

$= (4 + \boxed{} + \boxed{} + \boxed{} + \boxed{} + \boxed{} + \boxed{} + \boxed{}) \div \boxed{}$

$= \boxed{} \div \boxed{} = \boxed{}$ (개)

따라서 딴 사과 수의 평균인 $\boxed{}$ 개보다 딴 사과 수가 더 많은 학생은 $\boxed{}$ 개, $\boxed{}$ 개, $\boxed{}$ 개를 딴 학생으로 모두 $\boxed{}$ 명입니다.

답 _____

2. 지웅이네 모둠 학생들의 키를 조사한 것입니다. 모둠 학생들의 키의 평균보다 키가 작은 학생은 모두 몇 명일까요?

지웅이네 모둠 학생들의 키   (단위: cm)

135	145	130	140	146	150

생각하며 푼다!

(평균) $= ($ _____ $) \div \boxed{}$

$=$ _____ $= \boxed{}$ (cm)

따라서 지웅이네 모둠 학생들의 키의 평균인 $\boxed{}$ cm보다 키가

작은 학생은 키가 _____ 인 학생으로

모두 $\boxed{}$ 명입니다.

답 _____

문제에서 숫자는 ◯,
조건 또는 구하는 것은 ___로
표시해 보세요.

1. 희수네 모둠 학생들의 몸무게를 나타낸 표입니다. 희수네 모둠에
서 몸무게가 평균보다 무거운 학생의 이름을 모두 쓰세요.

희수네 모둠 학생들의 몸무게

이름	희수	정민	현하	수진
몸무게(kg)	34	42	37	39

생각하며 푼다!

(평균)=(☐+☐+☐+☐)÷☐

= ☐ ÷ ☐ = ☐ (kg)

따라서 희수네 모둠에서 몸무게가 평균인 ☐ kg보다

무거운 학생은 _____ 입니다.

답 _____

2. 민식이의 과목별 단원평가 점수를 나타낸 표입니다. 단원평가 점
수가 평균보다 높은 과목을 모두 쓰세요.

과목별 단원평가 점수

과목	국어	수학	사회	과학
점수(점)	80	84	90	70

생각하며 푼다!

(평균)=(_____)÷☐

= _____ = ☐ (점)

따라서 민식이의 과목별 단원평가 점수가 평균인 ☐ 점보다

높은 과목은 _____ 입니다.

답 _____

1. 민영이와 재현이 중 수학 점수의 평균이 더 높은 사람은 누구일까요?

수학 점수   (단위: 점)

이름＼회	1회	2회	3회	4회
민영	76	86	90	84
재현	82	78	76	88

생각하며 푼다!

(민영이의 수학 점수의 평균)

$= (\boxed{} + \boxed{} + \boxed{} + \boxed{}) \div \boxed{}$

$= \boxed{} \div \boxed{} = \boxed{}$ (점)

(재현이의 수학 점수의 평균)

$= (\underline{}) \div \boxed{}$

$= \underline{} = \boxed{}$ (점)

따라서 수학 점수의 평균이 더 높은 사람은 $\boxed{}$입니다.

답 _____

각각의 평균을 구한 다음 평균을 비교해 봐요.

2. 영서와 준하 중 숙제 시간의 평균이 더 긴 사람은 누구일까요?

숙제 시간   (단위: 분)

이름＼요일	월	화	수	목	금
영서	23	18	27	35	22
준하	32	24	31	16	27

생각하며 푼다!

답 _____

문제에서 숫자는 ○,
조건 또는 구하는 것은 ___로
표시해 보세요.

1. 독서 시간의 평균이 더 긴 모둠은 어느 모둠일까요?

학생 수와 독서 시간의 합

모둠	모둠 1	모둠 2
학생 수(명)	4	5
독서 시간의 합(시간)	64	70

자료의 수가 다르기
때문에 자료의 합이
크다고 해서 반드시
평균이 높은 건 아니에요.

생각하며 푼다!

(모둠 1의 독서 시간의 평균)＝(독서 시간의 합)÷(학생 수)

＝ ☐ ÷ ☐ ＝ ☐ (시간)

(모둠 2의 독서 시간의 평균)＝(☐)÷(☐)

＝ _____ ＝ ☐ (시간)

따라서 독서 시간의 평균이 더 긴 모둠은 모둠 ☐ 입니다.

답 _____

2. 딴 딸기 양의 평균이 더 많은 가족은 어느 가족일까요?

가족 수와 딴 딸기 양의 합

가족	지은이네 가족	성현이네 가족
가족 수(명)	4	3
딴 딸기 양의 합(kg)	48	42

생각하며 푼다!

(지은이네 가족이 딴 딸기 양의 평균)
＝(딴 딸기 양의 합)÷(가족 수)

풀이를 완성해요.

답 _____

1. 종이학을 아현이는 한 시간 동안 60개, 서준이는 12분 동안 24개 접었습니다. 1분 동안 누가 종이학을 몇 개 더 접은 셈일까요?

↗60분

생각하며 푼다!

(아현이가 1분 동안 접은 종이학 수의 평균)

종이학 수 걸린 시간

= ☐ ÷ ☐ = ☐(개)

(서준이가 1분 동안 접은 종이학 수의 평균)

= ☐ ÷ ☐ = ☐(개)

따라서 1분 동안 ☐이가 종이학을 ☐개 더 접은 셈입니다.

답 _____, _____

앗! 실수

구하는 것은 '1분' 동안 접은 종이학 수를 비교해야 하는 것이므로 주어진 조건인 '한 시간'을 '60분'으로 바꿔야 해요.

2. 자전거를 타고 민준이는 42 km를 가는 데 6시간이 걸렸고, 경석이는 40 km를 가는 데 5시간이 걸렸습니다. 1시간 동안 누가 몇 km 더 간 셈일까요?

생각하며 푼다!

(민준이가 1시간 동안 간 거리의 평균)= _____ = ☐(km)

(경석이가 1시간 동안 간 거리의 평균)= _____ = ☐(km)

따라서 1시간 동안 _____.

답 _____, _____

3. 동화책을 여진이는 5일 동안 75쪽, 서현이는 8일 동안 96쪽을 읽었습니다. 하루 동안 누가 동화책을 몇 쪽 더 읽은 셈일까요?

생각하며 푼다!

답 _____, _____

1. 세 수 ㉠, ㉡, ㉢의 평균이 12일 때 세 수의 합은 얼마인지 구하세요.

생각하며 푼다!

(평균)＝(자료값의 합)÷(자료의 수)이므로

(자료값의 합)＝(☐)×(자료의 수)입니다.

세 수의 합은 (☐)×(자료의 수)＝☐×3＝☐입니다.

답 ＿＿＿＿＿＿＿＿＿＿

2. 네 수의 평균이 25일 때 ㉠에 알맞은 수를 구하세요.

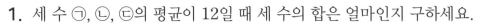

| 23 | ㉠ | 17 | 31 |

생각하며 푼다!

네 수의 합은 (평균)×(자료의 수)＝☐×☐＝☐입니다.

따라서 23＋㉠＋17＋31＝☐이므로   ← 네 수의 합

㉠＝☐－(23＋☐＋☐)＝☐－☐＝☐입니다.

답 ＿＿＿＿＿＿＿＿＿＿

3. 두 색 테이프 길이의 평균이 37 cm일 때 두 색 테이프 길이의 합은 몇 cm일까요?

생각하며 푼다!

두 색 테이프 길이의 합은 (평균)×(색 테이프 수)＝☐×☐＝☐(cm)입니다.

답 ＿＿＿＿＿＿＿ cm

단위를 꼭 써요!

1. 지우네 모둠 학생들의 훌라후프 돌리기 기록의 평균은 ㉒번입니다. 지우네 모둠 학생이 모두 ⑥명일 때 학생들의 훌라후프 돌리기 기록의 합은 몇 번일까요?

생각하며 푼다!

(훌라후프 돌리기 기록의 합)=(평균)×(학생 수)

= ⬜ × ⬜ = ⬜ (번)

답 _____

2. 현서네 모둠 학생들의 키의 평균은 140 cm입니다. 현서네 모둠 학생이 모두 3명일 때 학생들의 키의 합은 몇 cm일까요?

생각하며 푼다!

(키의 합)=(평균)×(⬜)

= ⬜ × ⬜ = ⬜ (cm)

답 _____

3. 어느 공장에서 하루에 만드는 선풍기 수의 평균은 172대입니다. 5일 동안 매일 선풍기를 만들 때 선풍기 수의 합은 몇 대일까요?

생각하며 푼다!

(⬜)=(⬜)×(날수)

= _____ = ⬜ (대)

답 _____

문제에서 숫자는 ◯,
조건 또는 구하는 것은 ____로
표시해 보세요.

이건 꼭 외워요!
(자료 값의 합)
=(평균)×(자료의 수)

1. 하영이가 매일 푼 수학 문제 수의 평균은 25개입니다. 2주일 동안 하영이가 푼 수학 문제는 모두 몇 개일까요?

생각하며 푼다!

2주일은 ☐일입니다.

(수학 문제 수의 합)=(평균)×(날수)

=☐×☐=☐(개)

답 ____________

2. 윤빈이가 매일 넘은 줄넘기 기록의 평균은 72번입니다. 11월 한 달 동안 윤빈이가 넘은 줄넘기 기록은 모두 몇 번일까요?

생각하며 푼다!

11월은 ☐일입니다.

(줄넘기 ☐)=(평균)×(☐)

=____________=☐(번)

답 ____________

3. 정민이가 한 달에 저금하는 돈의 평균은 2000원입니다. 1년 동안 매달마다 저금을 할 때 저금한 돈은 모두 얼마일까요?

생각하며 푼다!

답 ____________

문제에서 숫자는 ○,
조건 또는 구하는 것은 ___로
표시해 보세요.

1. 소민이네 모둠의 100 m 달리기 기록의 평균이 20초일 때 혜진이의 100 m 달리기 기록은 몇 초일까요?

100 m 달리기 기록

이름	소민	윤서	혜진	준기
기록(초)	18	21		19

생각하며 푼다!

(달리기 기록의 합)＝(평균)×(학생 수)

$$= \boxed{} \times \boxed{} = \boxed{} \text{(초)}$$

(혜진이의 달리기 기록)

＝(달리기 기록의 합)－(혜진이를 제외한 3명의 달리기 기록의 합)

$$= \boxed{} - (\underset{\text{소민}}{\boxed{}} + \underset{\text{윤서}}{\boxed{}} + \underset{\text{준기}}{\boxed{}})$$

$$= \boxed{} - \boxed{} = \boxed{} \text{(초)}$$

답 _____

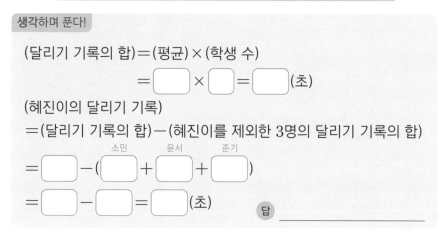

해결 순서

❶ 달리기 기록의 합 구하기

↓

❷ 혜진이의 달리기 기록 구하기

2. 어느 지역의 과수원별 사과 수확량의 평균이 230 kg일 때 라 과수원의 사과 수확량은 몇 kg일까요?

과수원별 사과 수확량

과수원	가	나	다	라
수확량(kg)	185	250	225	

생각하며 푼다!

(사과 수확량의 합)＝(	\boxed{})×(과수원 수)

$$= \underline{\hspace{3cm}} = \boxed{} \text{(kg)}$$

(라 과수원의 사과 수확량)

$$= (\boxed{})$$

$$- (\text{라 과수원을 제외한 세 과수원의 사과 수확량의 합})$$

$$= \boxed{} - (\underset{\text{가}}{\boxed{}} + \underset{\text{나}}{\boxed{}} + \underset{\text{다}}{\boxed{}})$$

$$= \underline{\hspace{3cm}} = \boxed{} \text{(kg)}$$

답 _____

1. 준영이의 1회부터 5회까지 수학 점수를 나타낸 표입니다. 한 회당 수학 점수의 평균이 80점일 때 5회 수학 점수는 몇 점일까요?

문제에서 숫자는 ◯,
조건 또는 구하는 것은 ___로
표시해 보세요.

수학 점수

회	1회	2회	3회	4회	5회
점수(점)	70	82	78	86	

생각하며 푼다!

(수학 점수의 합)=(평균)×(횟수)

　　　　　= _____ = ☐ (점)

(5회 수학 점수)
＝(수학 점수의 합)－(1회부터 4회까지의 수학 점수의 합)

$$= \boxed{} - (\underset{1회}{} + \underset{2회}{} + \underset{3회}{} + \underset{4회}{})$$

　　= _____ = ☐ (점)

식을 써요.

답 _____

2. 시현이네 학교 5학년 반별 학생 수를 나타낸 표입니다. 한 반당 학생 수의 평균이 25명일 때 1반의 학생은 몇 명일까요?

5학년 반별 학생 수

반	1반	2반	3반	4반	5반
학생 수(명)		27	28	21	26

생각하며 푼다!

답 _____

1. 지영이가 1회부터 3회까지 넘은 줄넘기 기록의 평균이 60번이었습니다. 4회까지 넘은 줄넘기 기록의 평균이 61번이 되려면 4회에 넘은 줄넘기 기록은 몇 번이어야 할까요?

생각하며 푼다!

(3회까지 넘은 줄넘기 기록의 합)

= $\underset{\text{평균}}{\boxed{}}$ × $\underset{\text{횟수}}{\boxed{}}$ = $\boxed{}$ (번)

(4회까지 넘은 줄넘기 기록의 합)

= $\underset{\text{평균}}{\boxed{}}$ × $\underset{\text{횟수}}{\boxed{}}$ = $\boxed{}$ (번)

따라서 4회에 넘은 줄넘기 기록은 $\boxed{}$ − $\boxed{}$ = $\boxed{}$ (번)
이어야 합니다.

답 _____

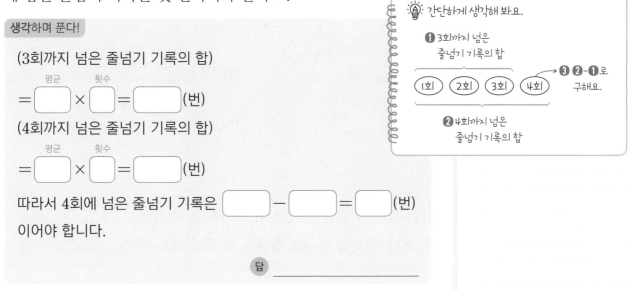

간단하게 생각해 봐요.

❶ 3회까지 넘은
줄넘기 기록의 합

1회 2회 3회 4회 → ❸ ❷-❶로 구해요.

❷ 4회까지 넘은
줄넘기 기록의 합

2. 재원이가 월요일부터 목요일까지 수학 공부를 한 시간의 평균이 28분이었습니다. 금요일까지 수학 공부를 한 시간의 평균이 30분이 되려면 금요일에 수학 공부를 한 시간은 몇 분이어야 할까요?

생각하며 푼다!

(목요일까지 수학 공부를 한 시간의 합)

= $\underset{\text{평균}}{\boxed{}}$ × $\underset{\text{날수}}{\boxed{}}$ = $\boxed{}$ (분)

($\boxed{}$)

= _____ = $\boxed{}$ (분)

따라서 금요일에 _____

_____ .

답 _____

문제에서 숫자는 ◯,
조건 또는 구하는 것은 ___로
표시해 보세요.

1. 정호와 윤석이의 몸무게의 평균은 36 kg이고 민준이의 몸무게는
   39 kg입니다. 세 사람의 몸무게의 평균은 몇 kg일까요?

   생각하며 푼다!

   (정호와 윤석이의 몸무게의 합)= □(평균) × □(사람 수) = □ (kg)

   (세 사람의 몸무게의 합)= □(정호와 윤석이의 몸무게의 합) + □(민준 몸무게) = □ (kg)

   (세 사람의 몸무게의 평균)= □(세 사람의 몸무게의 합) ÷ □(사람 수) = □ (kg)

   답 _____

2. 수진이의 국어, 수학, 사회 점수의 평균은 78점이고 과학은 86점
   입니다. 국어, 수학, 사회, 과학 네 과목 점수의 평균은 몇 점일까요?

   생각하며 푼다!

   (국어, 수학, 사회 점수의 합)= _____(평균) × _____(과목 수) = □(점)

   (네 과목 점수의 합)= _____(국어, 수학, 사회 점수의 합) + _____(과학 점수) = □(점)

   (네 과목 점수의 평균)= _____ = □(점)

   답 _____

3. 준석이네 학교 1학년부터 5학년까지 한 학년당 학생 수의 평균
   은 120명이고 6학년은 108명입니다. 6학년까지 한 학년당 학생
   수의 평균은 몇 명일까요?

   생각하며 푼다!

   답 _____

1. 지혜네 반 남학생과 여학생의 몸무게의 평균을 나타낸 표입니다. 지혜네 반 전체 학생의 몸무게의 평균은 몇 kg일까요?

몸무게의 평균

남학생 6명	40 kg
여학생 4명	35 kg

생각하며 푼다!

(남학생 6명의 몸무게의 합)= [ ] × [ ] = [ ] (kg)
　　　　　　　　　　　　　몸무게　학생 수

(여학생 4명의 몸무게의 합)= [ ] × [ ] = [ ] (kg)
　　　　　　　　　　　　　몸무게　학생 수

(전체 학생의 몸무게의 합)= [ ] + [ ] = [ ] (kg)
　　　　　　　　　　　　　남학생　여학생

(전체 학생 수)= [ ] + [ ] = [ ] (명)
　　　　　　　남학생 수　여학생 수

(전체 학생의 몸무게의 평균)= [ ] ÷ [ ] = [ ] (kg)
　　　　　　　　　　　　전체 학생의 몸무게의 합　전체 학생 수

답 _____

2. 경수네 학교 5학년 1반과 2반 학생들이 읽은 책 수의 평균을 나타낸 표입니다. 1반과 2반 학생들이 읽은 책 수의 평균은 몇 권일까요?

읽은 책 수의 평균

1반 10명	32권
2반 15명	12권

생각하며 푼다!

(1반 10명이 읽은 책 수의 합)= [ ] × [ ] = [ ] (권)
　　　　　　　　　　　　　읽은 책 수　학생 수

(2반 15명이 읽은 책 수의 합)= _____ = [ ] (권)

(1반과 2반이 읽은 책 수의 합)= _____ = [ ] (권)

(1반과 2반 학생 수)= _____ = [ ] (명)

(1반과 2반 학생들이 읽은 책 수의 평균)= _____
　　　　　　　　　　　　　　　　　　= [ ] (권)

답 _____

24. 일이 일어날 가능성 문장제

1. 주머니 속에 빨간색 구슬만 2개 들어 있습니다. 구슬을 1개 꺼냈을 때의 가능성을 알맞게 표현한 말이나 수에 ○표 하세요.

어떠한 상황에서 특정한 일이 ↙
일어나길 기대할 수 있는 정도

가능성은 0부터 1까지의 수 중 하나로 나타낼 수 있어요. **절대 일어나지 않는 가능성은 0이에요.**

(1) 꺼낸 구슬이 빨간색일 가능성은 (확실하다 , 반반이다 , 불가능하다)이므로 수로 표현하면 (0 , $\frac{1}{2}$, 1)입니다.

(2) 꺼낸 구슬이 노란색일 가능성은 (확실하다 , 반반이다 , 불가능하다)이므로 수로 표현하면 (0 , $\frac{1}{2}$, 1)입니다.

2. 100원짜리 동전을 던졌을 때 그림 면과 숫자 면이 나올 가능성을 각각 수로 표현하세요.

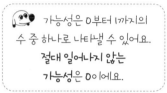

그림 면   숫자 면

생각하며 푼다!

동전을 던지면 그림 면 또는 [   ] 면이 나올 수 있습니다.

100원짜리 동전을 던졌을 때 그림 면이 나올 가능성은 [반반이다]이므로 수로 표현하면

[   ]입니다.

확실하다, 반반이다, 불가능하다 중 알맞은 표현을 써요.

100원짜리 동전을 던졌을 때 숫자 면이 나올 가능성은 [   ]이므로 수로 표현하면

[   ]입니다.

답 그림 면: _____ , 숫자 면: _____

1. 흰색 바둑돌 2개만 들어 있는 주머니에서 바둑돌을 1개 꺼낼 때 흰색 바둑돌일 가능성을 수로 표현해 보세요.

생각하며 푼다!

주머니에는 [ ] 바둑돌만 있으므로 꺼낸 바둑돌이 흰색 바둑돌일 가능성은 [ ]이며, 수로 표현하면 [ ]입니다.

답 _____

2. 검은색 바둑돌 2개만 들어 있는 주머니에서 바둑돌을 1개 꺼낼 때 흰색 바둑돌일 가능성을 수로 표현해 보세요.

생각하며 푼다!

주머니에는 [ ] 바둑돌만 있으므로 꺼낸 바둑돌이 흰색 바둑돌일 가능성은 [ ]이며, 수로 표현하면 [ ]입니다.

답 _____

3. 빨간색 공 4개만 들어 있는 주머니에서 공을 1개 꺼낼 때 빨간색 공일 가능성을 수로 표현해 보세요.

생각하며 푼다!

주머니에는 [ ] 공만 있으므로 꺼낸 공이 빨간색 공일 가능성은

_____ .

답 _____

4. 주황색 공 3개만 들어 있는 주머니에서 공을 1개 꺼낼 때 초록색 공일 가능성을 수로 표현해 보세요.

생각하며 푼다!

주머니에는 [ ] 공만 있으므로 꺼낸 공이 초록색 공일 가능성은

_____ .

답 _____

1. 오른쪽과 같은 회전판을 돌릴 때 화살이 주황색에
   멈출 가능성을 수로 표현해 보세요.

   생각하며 푼다!

   전체가 주황색으로 색칠된 회전판을 돌릴 때 화살이 주황색에 멈출

   가능성은 [   ]이며, 가능성을 수로 표현하면 [   ]입니다.

   답 _____

일이 일어날 가능성을
말과 수로 표현하기

말	수
확실하다 →	1
반반이다 →	$\frac{1}{2}$
불가능하다 →	0

---

2. 오른쪽과 같은 회전판을 돌릴 때 화살이 파란색에
   멈출 가능성을 수로 표현해 보세요.

   생각하며 푼다!

   파란색과 빨간색이 반반씩 색칠된 회전판을 돌릴 때 화살이 파란색

   에 멈출 가능성은 [   ]이며, 가능성을 수로 표현하면 [   ]

   입니다.

   답 _____

3. 오른쪽과 같은 회전판을 돌릴 때 화살이 초록색에
   멈출 가능성을 수로 표현해 보세요.

   생각하며 푼다!

   보라색과 초록색이 반반씩 색칠된 회전판을 돌릴 때 화살이

   [   ]에 멈출 가능성은 _____

   _____ .

   답 _____

1. 1 , 2 , 5 , 6 4장의 수 카드를 상자에 넣어 한 장을 뽑을 때 뽑은 카드의 수가 짝수일 가능성을 수로 표현해 보세요.

생각하며 푼다!

4장의 수 카드 중 짝수는 ☐, ☐으로 ☐장입니다.

따라서 뽑은 카드의 수가 짝수일 가능성은 ☐이며, 가능성을

수로 표현하면 ☐/4 = ☐입니다. 답 답 _____

일이 일어날 가능성을
$0, \frac{1}{2}, 1$ 중
하나로 표현해 봐요.

2. 상자 안에 들어 있는 6개의 제비 중에서 당첨 제비는 3개입니다. 제비 1개를 뽑을 때 뽑은 제비가 당첨 제비가 아닐 가능성을 수로 표현해 보세요.

생각하며 푼다!

제비 ☐개 중 당첨 제비가 아닌 제비는 6−3=☐(개)입니다.

따라서 뽑은 제비가 _____ 은

☐이며, 가능성을 수로 표현하면 ☐/6 = ☐입니다.

답 _____

3. 상자 안에 들어 있는 8개의 제비 중에서 당첨 제비는 4개입니다. 제비 1개를 뽑을 때 뽑은 제비가 당첨 제비일 가능성을 수로 표현해 보세요.

생각하며 푼다!

답 _____

1. 1부터 6까지의 눈이 그려진 주사위를 한 번 굴릴 때 주사위의 눈의 수가 1 이상일 가능성을 수로 표현해 보세요.

생각하며 푼다!

주사위의 눈의 수는 1, 2, 3, ☐, ☐, ☐으로 모두 1 이상인 수입니다.

따라서 주사위의 눈의 수가 1 이상일 가능성은 [   ]이며,

가능성을 수로 표현하면 ☐입니다.

답 _____

일이 일어날 가능성을 말과 수로 표현하기

말	수
확실하다 →	1
반반이다 →	$\dfrac{1}{2}$
불가능하다 →	0

---

2. 1부터 6까지의 눈이 그려진 주사위를 한 번 굴릴 때 주사위의 눈의 수가 7 이상일 가능성을 수로 표현해 보세요.

생각하며 푼다!

주사위의 눈의 수는 _1, _____ 으로

_____ 인 수는 없습니다.

따라서 주사위의 눈의 수가 7 이상일 가능성은 [   ]이며,

가능성을 수로 표현하면 ☐입니다.

답 _____

---

3. 1부터 6까지의 눈이 그려진 주사위를 한 번 굴릴 때 주사위의 눈의 수가 4 이상일 가능성을 수로 표현해 보세요.

풀이를 완성해요.

생각하며 푼다!

주사위의 눈의 수는 6가지이고, 4 이상인 수는

답 _____

1. 상자 속에서 1부터 6까지의 수가 쓰인 수 카드 중 1장을 꺼낼 때 꺼낸 카드의 수가 4의 약수일 가능성을 수로 표현해 보세요.

생각하며 푼다!

1부터 6까지의 수 중에서 4의 약수는 1, ☐, ☐로 ☐장입니다.

따라서 꺼낸 카드의 수가 4의 약수일 가능성은 ☐☐☐☐☐ 이며,

가능성을 수로 표현하면 $\dfrac{\square}{6}=\square$ 입니다.

답 _____

수 카드의 수를 먼저 나열하고 **4의 약수**를 모두 찾아봐요.

① 2 3 4 5 6
↑
4의 약수

2. 상자 속에서 1부터 8까지의 수가 쓰인 수 카드 중 1장을 꺼낼 때 꺼낸 카드의 수가 8의 약수일 가능성을 수로 표현해 보세요.

생각하며 푼다!

1부터 8까지의 수 중에서 8의 약수는 _____로 ☐장 입니다.

따라서 꺼낸 카드의 수가 8의 약수일 가능성은 ☐☐☐☐☐ 이며,

가능성을 수로 표현하면 $\dfrac{\square}{8}=\square$ 입니다.

답 _____

수 카드의 수를 먼저 나열하고 **8의 약수**를 모두 찾아봐요.

3. 상자 속에서 1부터 10까지의 수가 쓰인 수 카드 중 1장을 꺼낼 때 꺼낸 카드의 수가 2의 배수일 가능성을 수로 표현해 보세요.

생각하며 푼다!

답 _____

수 카드의 수를 먼저 나열하고 **2의 배수**를 모두 찾아봐요.

6. 평균과 가능성

점수 /100
한 문항당 10점

1. 현우네 모둠 학생들의 단체 줄넘기 기록을 나타낸 표입니다. 단체 줄넘기 기록의 평균은 몇 번일까요?

단체 줄넘기 기록

회	1회	2회	3회	4회
기록(번)	17	21	16	14

( )

2. 민준이의 과목별 단원평가 점수를 나타낸 표입니다. 단원평가 점수가 평균보다 높은 과목을 모두 쓰세요. (20점)

과목별 단원평가 점수

과목	국어	수학	사회	과학
점수(점)	92	86	80	90

( )

3. 수혁이네 반 학생들의 모둠별 독서 시간을 나타낸 표입니다. 독서 시간의 평균이 더 긴 모둠은 어느 모둠일까요? (30점)

학생 수와 독서 시간의 합

모둠	모둠 1	모둠 2
학생 수(명)	5	6
독서 시간의 합(분)	210	246

( )

4. 종민이네 모둠 학생들의 몸무게의 평균은 39 kg입니다. 종민이네 모둠 학생이 모두 4명일 때 학생들의 몸무게의 합은 몇 kg일까요?

( )

5. 주머니 속에 노란색 구슬이 3개 들어 있습니다. 주머니에서 구슬을 1개 꺼낼 때 꺼낸 구슬이 노란색 구슬일 가능성을 수로 표현해 보세요.

( )

6. 상자 안에 들어 있는 4개의 제비 중에서 당첨 제비는 2개입니다. 제비 1개를 뽑을 때 뽑은 제비가 당첨 제비가 아닐 가능성을 수로 표현해 보세요.

( )

7. 필통 속에 빨간색 연필과 파란색 연필이 2자루씩 들어 있습니다. 필통에서 연필 1자루를 꺼냈을 때 꺼낸 연필이 초록색 연필일 가능성을 수로 표현해 보세요.

( )

나 혼자 푼다! 수학 문장제

5학년 2학기

정답 및 풀이

첫째 마당·수의 범위와 어림하기

01. 이상, 이하, 초과, 미만 (1) 문장제

10쪽

1. 생각하며 푼다! 큰, 7, 8, 9

   답 6, 7, 8, 9

2. 생각하며 푼다! 작은, 1, 2, 3, 4, 5

   답 5개

3. 생각하며 푼다! 큰, 13, 16

   답 13세, 16세

4. 생각하며 푼다! 작은, 17, 19

   답 17 kg, 19 kg

11쪽

1. 생각하며 푼다! 38, 38

   답 38

2. 생각하며 푼다! 같거나 작은, 74, 74

   답 74

3. 생각하며 푼다!

   예 54, 55, 56, 57, 58……은 54와 같거나 큰 수이
   므로 54 이상인 수입니다.
   따라서 ㉠에 알맞은 수 중에서 가장 큰 자연수는
   54입니다.

   답 54

12쪽

1. 생각하며 푼다! 4 / 4, 40, 41, 42, 43, 44, 45

   답 40, 41, 42, 43, 44, 45

2. 생각하며 푼다! 7 / 7, 67, 77, 87, 97

   답 67, 77, 87, 97

3. 생각하며 푼다! 9 /

   예 9■인 두 자리 수 중에서 94보다 작은 수는 90,
   91, 92, 93입니다.

   답 90, 91, 92, 93

13쪽

1. 생각하며 푼다! 1, 5 / 1, 5, 1.15, 1.25, 1.35, 1.45

   답 1.05, 1.15, 1.25, 1.35, 1.45

2. 생각하며 푼다! 2, 6 / 2, 6, 2.06, 2.16, 2.26

   답 2.06, 2.16, 2.26

3. 생각하며 푼다!

   예 8.3■인 소수 두 자리 수 중에서 8.35보다 큰 수
   는 8.36, 8.37, 8.38, 8.39입니다.

   답 8.36, 8.37, 8.38, 8.39

14쪽

1. 생각하며 푼다! 80, 큰 / 85, 80 / 연수, 성훈

   답 연수, 성훈

2. 생각하며 푼다! 보다 작은 / 140 cm, 148 cm /
   민희, 은서

   답 민희, 은서

3. 생각하며 푼다!

   예 37 초과인 수는 37보다 큰 수입니다.
   따라서 37 kg보다 무거운 몸무게는 37.5 kg,
   37.2 kg이므로 몸무게가 37 kg 초과인 학생은
   현우, 지민입니다.

   답 현우, 지민

15쪽

1. 생각하며 푼다! 16, 12, 14, 3

   답 3명

2. 생각하며 푼다! 30.3 kg, 31.7 kg, 2

   답 2명

3. 생각하며 푼다!

   예 4.5 이하는 4.5와 같거나 작은 수입니다.
   4.5 m보다 높은 트럭의 높이는 5.1 m, 4.7 m입
   니다.
   따라서 육교를 통과하지 못하는 트럭은 모두 2대
   입니다.

   답 2대

02. 이상, 이하, 초과, 미만 (2) 문장제

16쪽

1. 생각하며 푼다! 이상, 이하, 이상, 이하

   답 5 이상 9 이하인 수

2. 생각하며 푼다! 이상, 30 미만인 수,

   20 이상 30 미만인 수

   답 20 이상 30 미만인 수

3. 생각하며 푼다! 37 초과, 64 이하인 수,

   37 초과 64 이하인 수

   답 37 초과 64 이하인 수

4. 생각하며 푼다!

   예 90보다 크고 → 90 초과,

   100보다 작은 수 → 100 미만인 수,

   따라서 90보다 크고, 100보다 작은 수는 90 초과

   100 미만인 수입니다.

   답 90 초과 100 미만인 수

17쪽

1. 생각하며 푼다! 9, 12, 9, 12

   답 9, 12

2. 생각하며 푼다! 24와 같거나 크고 28과 같거나 작은,

   24, 28, 24, 28

   답 24, 28

3. 생각하며 푼다!

   예 40, 41, 42, 43, 44, 45는 40과 같거나 크고 45

   와 같거나 작은 자연수이므로 40 이상 45 이하인

   자연수입니다.

   따라서 ㉠=40이고, ㉡=45입니다.

   답 40, 45

18쪽

1. 생각하며 푼다! 같거나 작은 / 6, 7, 8, 9, 10, 11, 6

   답 6개

2. 생각하며 푼다! 14, 15, 16, 17, 18, 5

   답 5개

3. 생각하며 푼다! 28, 29, 30으로 모두 3개입니다

   답 3개

4. 생각하며 푼다!

   예 40 초과 50 미만인 자연수는 41, 42, 43, 44, 45,

   46, 47, 48, 49로 모두 9개입니다.

   답 9개

19쪽

1. 생각하며 푼다! 보다 작은, 9 / 9, 8, 7, 6, 6

   답 6

2. 생각하며 푼다! 13보다 크고 ㉠보다 작은 자연수, 14 /

   14, 15, 16, 17, 18, 19, 20이므로 ㉠에

   알맞은 자연수는 21입니다

   답 21

20쪽

1. 생각하며 푼다! 이상, 이하 / 16, 17, 18, 19, 20, 21,

   22, 23, 24, 25 / 11

   답 11개

2. 생각하며 푼다! 초과 70 미만 / 61, 62, 63, 64, 65,

   66, 67, 68, 69 / 9

   답 9개

3. 생각하며 푼다!

   예 수직선에 나타낸 수의 범위는 30 초과 50 미만인

   수를 나타냅니다.

   따라서 자연수는 31, 32, 33, 34, 35, 36, 37,

   38, 39, 40, 41, 42, 43, 44, 45, 46, 47, 48, 49

   로 모두 19개입니다.

   답 19개

   참고 (30 초과 50 미만인 자연수의 개수)

   $=50-30-1=19$(개)

21쪽

1. 생각하며 푼다! 초과, 이하 / 26, 27, 28, 29, 30, 31, 32, 33, 34, 35 / 10

   답 10개

2. 생각하며 푼다! 이상 55 미만 / 45, 46, 47, 48, 49, 50, 51, 52, 53, 54 / 10

   답 10개

3. 생각하며 푼다!

   예 수직선에 나타낸 수의 범위는 40 이상 60 미만인 수를 나타냅니다.

   따라서 자연수는 40, 41, 42, 43, 44, 45, 46, 47, 48, 49, 50, 51, 52, 53, 54, 55, 56, 57, 58, 59로 모두 20개입니다.

   답 20개

   참고 (40 이상 60 미만인 자연수의 개수)
   $=60-40=20$(개)

03. 올림 문장제

22쪽

1. 생각하며 푼다! 10 / 8 / 680

   답 680

2. 생각하며 푼다! 백, 100 / 6 / 백, 600

   답 600

3. 생각하며 푼다! 745를 1000으로 보고 올립니다 / 3 /
   예 2745를 올림하여 천의 자리까지 나타내면 3000입니다

   답 3000

23쪽

1. 생각하며 푼다! 21, 30, 30, 21

   답 30, 21

2. 생각하며 푼다! 올림하여 백의 자리까지 나타내면 300, 201부터 300까지 / 300, 201

   답 300, 201

3. 생각하며 푼다!

   예 올림하여 백의 자리까지 나타내면 500이 되는 자연수는 401부터 500까지의 수입니다.

   따라서 가장 큰 수는 500, 가장 작은 수는 401입니다.

   답 500, 401

24쪽

1. 생각하며 푼다! 36, 36, 37

   답 37상자

2. 생각하며 푼다! 7, 29, 올림, 7＋1, 8

   답 8대

3. 생각하며 푼다!

   예 귤 1352개를 한 상자에 100개씩 13상자에 담고 남은 52개를 담을 상자가 한 상자 더 필요하므로 어림 방법 중 올림을 이용합니다.

   따라서 상자는 최소 13＋1＝14(상자) 필요합니다.

   답 14상자

25쪽

1. 생각하며 푼다! 올림, 올림, 240, 240 / 240, 24, 24, 120000

   답 120000원

2. 생각하며 푼다! 올림, 올림, 백, 700, 700 / 700, 7, 한 묶음의 값, 7×1000, 7000

   답 7000원

04. 버림 문장제

26쪽

1. 생각하며 푼다! 0 / 0 / 140

   답 140

2. 생각하며 푼다! 백, 0 / 0, 0 / 백, 300

   답 300

3. 생각하며 푼다! 534를 0으로 보고 버립니다 / 0, 0, 0 / 예 8534를 버림하여 천의 자리까지 나타내면 8000입니다

   답 8000

1. 생각하며 푼다! 40, 49, 49, 40

   답 49, 40

2. 생각하며 푼다! 400, 499, 499, 400

   답 499, 400

3. 생각하며 푼다!

   예 버림하여 백의 자리까지 나타내면 200이 되는
   자연수는 200부터 299까지의 수입니다.
   따라서 가장 큰 수는 299, 가장 작은 수는 200입
   니다.

   답 299, 200

1. 생각하며 푼다! 87, 버림, 870, 87

   답 87상자

2. 생각하며 푼다! 1900, 버림, 백, 1900, 19

   답 19개

3. 생각하며 푼다!

   예 공책 1394권을 한 상자에 100권씩 담아 팔면 13
   상자에 담고 남은 94권은 팔 수 없으므로 어림 방
   법 중 버림을 이용합니다.
   따라서 1394를 버림하여 백의 자리까지 나타내
   면 1394 → 1300이므로 최대 13상자까지 팔 수
   있습니다.

   답 13상자

1. 생각하며 푼다! 버림, 버림, 180, 180 / 180, 18, 18,
   6000, 108000

   답 108000원

2. 생각하며 푼다! 버림, 버림, 400, 400 / 400, 4,
   한 상자의 값, 4×40000, 160000

   답 160000원

05. 반올림 문장제

1. 생각하며 푼다! 6 / 3 / 730

   답 730

2. 생각하며 푼다! 십, 1 / 0 / 백, 500

   답 500

3. 생각하며 푼다! 백의 자리 숫자가 5이므로 올립니다 /
   3 / 예 2507을 반올림하여 천의 자리까
   지 나타내면 3000입니다

   답 3000

1. 생각하며 푼다! 25, 34, 34, 25

   답 34, 25

2. 생각하며 푼다! 백의 자리까지 나타내면 300, 250부터
   349까지, 349, 250

   답 349, 250

3. 생각하며 푼다!

   예 반올림하여 백의 자리까지 나타내면 200이 되는
   자연수는 150부터 249까지의 수입니다.
   따라서 가장 큰 수는 249, 가장 작은 수는 150입
   니다.

   답 249, 150

1. 생각하며 푼다! 백, 3 / 400, 400

   답 400명

2. 생각하며 푼다! 천, 백, 8, 올림 / 천, 2000, 2000

   답 2000명

3. 생각하며 푼다!

   예 반올림하여 만의 자리까지 나타내면 34958의 천
   의 자리 숫자가 4이므로 버림합니다.
   따라서 수현이네 과수원에서 수확한 배의 수를
   반올림하여 만의 자리까지 나타내면
   34958 → 30000이므로 30000개입니다.

   답 30000개

33쪽

1. 생각하며 푼다! 3.3, 3.3 / 3.2, 3.2 / 3.3, 3.3 / ㉡

   답 ㉡

2. 생각하며 푼다!

   ㉔ 5.761을 올림하여 소수 둘째 자리까지 나타내면
   5.76<u>1</u> → 5.77이므로 ㉠=5.77입니다.
   5.761을 버림하여 소수 둘째 자리까지 나타내면
   5.76<u>1</u> → 5.76이므로 ㉡=5.76입니다.
   5.761을 반올림하여 소수 둘째 자리까지 나타내면
   5.76<u>1</u> → 5.76이므로 ㉢=5.76입니다.
   따라서 ㉠, ㉡, ㉢ 중 다른 수는 ㉠입니다.

   답 ㉠

34쪽

1. 생각하며 푼다! 4300, 4200 / 4300, 4200, 100

   답 100

2. 생각하며 푼다! 7000, 6000 / 7000−6000=1000

   답 1000

3. 생각하며 푼다!

   ㉔ 1947을 반올림하여 십의 자리까지 나타낸 수는
   1950이고, 1947을 버림하여 백의 자리까지 나타
   낸 수는 1900입니다.
   따라서 두 수의 차는 1950−1900=50입니다.

   답 50

35쪽

1. 생각하며 푼다! 9, 2, 1, 921 / 930

   답 930

2. 생각하며 푼다! 8, 7, 4, 874 / 800

   답 800

3. 생각하며 푼다!

   ㉔ 6>5>3이므로 가장 큰 세 자리 수를 만들면 653
   입니다. 따라서 이 수를 반올림하여 백의 자리까
   지 나타내면 십의 자리 숫자가 5이므로 올림하면
   700입니다.

   답 700

1. 19, 29, 39	2. 하영, 경수
3. 10개	4. 52상자
5. 26개	6. 112000원
7. 17000송이	8. 850

2. 90 미만인 수는 90보다 작은 수입니다.
   따라서 90점보다 낮은 점수는 88점, 84점이므로 수
   학 점수가 90점 미만인 학생은 하영, 경수입니다.

3. 41, 42, 43, 44, 45, 46, 47, 48, 49, 50 → 10개

4. 수제비누 517개를 한 상자에 10개씩 담는다면 51상
   자에 담고 남은 7개를 담을 상자가 한 상자 더 필요
   하므로 어림 방법 중 올림을 이용합니다.
   따라서 상자는 최소 51+1=52(상자) 필요합니다.

5. 2690원을 100원짜리 동전으로만 바꾸면 2600원을
   바꾸고 남은 90원은 바꿀 수 없으므로 어림 방법 중
   버림을 이용합니다. 따라서 2690을 버림하여 백의
   자리까지 나타내면 26<u>90</u> → 2600이므로 최대 26
   개까지 바꿀 수 있습니다.

6. 283을 버림하여 십의 자리까지 나타내면 280이므
   로 봉지로 팔 수 있는 설탕은 모두 280 kg입니다.
   따라서 280 kg은 10 kg씩 28봉지이므로 설탕을 판
   금액은 (판 봉지의 수)×(한 봉지의 값)
   =28×4000=112000(원)입니다.

7. 반올림하여 천의 자리까지 나타내면 백의 자리 숫자
   가 4이므로 버림합니다.
   따라서 과수원에서 수확한 포도의 수를 반올림하여
   천의 자리까지 나타내면 17000송이입니다.

8. 8>5>2이므로 가장 큰 세 자리 수를 만들면 852
   입니다.
   따라서 이 수를 반올림하여 십의 자리까지 나타내면
   일의 자리 숫자가 2이므로 버림하면 850입니다.

둘째 마당·분수의 곱셈

07. (진분수)×(자연수), (대분수)×(자연수) 문장제

38쪽

1. 생각하며 푼다! $8, 2\frac{2}{3}$

   답 $2\frac{2}{3}$

2. 생각하며 푼다! $20, 2\frac{6}{7}$

   답 $2\frac{6}{7}$

3. 생각하며 푼다! $5, 1\frac{2}{3}, 1\frac{2}{3}$

   답 $1\frac{2}{3}$ m

4. 생각하며 푼다! $\frac{3}{2}\times5=\frac{15}{2}=7\frac{1}{2}, 7\frac{1}{2}$

   답 $7\frac{1}{2}$ L

39쪽

1. 생각하며 푼다! $\frac{2}{7}, 3, \frac{6}{7}$

   답 $\frac{6}{7}$ m

2. 생각하며 푼다! 변의 수, $1\frac{1}{5}, 4, \frac{6}{5}, 4, \frac{24}{5}, 4\frac{4}{5}$

   답 $4\frac{4}{5}$ m

3. 생각하며 푼다!

   예 (정오각형의 둘레)

   $=$(한 변의 길이)$\times$(변의 수)

   $=1\frac{5}{9}\times5=\frac{14}{9}\times5=\frac{70}{9}=7\frac{7}{9}$ (m)

   답 $7\frac{7}{9}$ m

40쪽

1. 생각하며 푼다! $\frac{1}{3}, 8, \frac{8}{3}, 2\frac{2}{3}$

   답 $2\frac{2}{3}$판

2. 생각하며 푼다! $\frac{7}{\underset{4}{8}}\times\overset{3}{6}, \frac{21}{4}, 5\frac{1}{4}$

   답 $5\frac{1}{4}$ kg

3. 생각하며 푼다!

   예 (전체 식혜의 양)

   $=$(식혜 한 병의 양)$\times$(병 수)

   $=1\frac{1}{6}\times12=\frac{7}{\underset{1}{6}}\times\overset{2}{12}=14$ (L)

   답 14 L

41쪽

1. 생각하며 푼다! $\frac{2}{5}, 6, \frac{12}{5}, 2\frac{2}{5}$

   답 $2\frac{2}{5}$ km

2. 생각하며 푼다! $\frac{3}{4}\times15, \frac{45}{4}, 11\frac{1}{4}$

   답 $11\frac{1}{4}$ km

3. 생각하며 푼다!

   예 (전체 공원을 돈 거리)

   $=$(공원의 둘레)$\times$(돈 바퀴 수)

   $=2\frac{1}{3}\times4=\frac{7}{3}\times4=\frac{28}{3}=9\frac{1}{3}$ (km)

   답 $9\frac{1}{3}$ km

08. (자연수)×(진분수), (자연수)×(대분수) 문장제

42쪽

1. 생각하며 푼다! $18, 3\frac{3}{5}$

   답 $3\frac{3}{5}$

2. 생각하며 푼다! $15, 7\frac{1}{2}$

   답 $7\frac{1}{2}$

3. 생각하며 푼다! $60, 60, 10, 50, 50$

   답 50분

4. 생각하며 푼다! 100, 100,

예 $\overset{20}{\cancel{100}} \times \dfrac{7}{\cancel{5}} = 20 \times 7 = 140$, 140

답 140 cm

43쪽

1. 생각하며 푼다! 3, 1, 6 / 6, $1\dfrac{4}{7}$, 6, $\dfrac{11}{7}$, 66, $9\dfrac{3}{7}$

답 $9\dfrac{3}{7}$

2. 생각하며 푼다! $\overset{3}{\cancel{21}} \times \dfrac{6}{\cancel{7}} = 18$,

$18 \times 3\dfrac{1}{3} = \overset{6}{\cancel{18}} \times \dfrac{10}{\cancel{3}} = 60$

답 60

3. 생각하며 푼다!

예 (어떤 수)$= \left(36의 \dfrac{5}{6}\right) = \overset{6}{\cancel{36}} \times \dfrac{5}{\cancel{6}} = 30$

$\left(어떤 수의 1\dfrac{3}{10}\right) = 30 \times 1\dfrac{3}{10} = \overset{3}{\cancel{30}} \times \dfrac{13}{\cancel{10}} = 39$

답 39

44쪽

1. 생각하며 푼다! $\dfrac{3}{5}$, 8, 3, 1, 24

답 24장

2. 생각하며 푼다! 안경을 쓴 학생 수, $\dfrac{3}{8}$, $\overset{4}{\cancel{32}} \times \dfrac{3}{\cancel{8}} = 12$

답 12명

3. 생각하며 푼다!

예 (민지가 읽은 과학책의 쪽수)=(전체 쪽수)$\times \dfrac{5}{8}$

$= \overset{12}{\cancel{96}} \times \dfrac{5}{\cancel{8}} = 60$(쪽)

답 60쪽

45쪽

1. 생각하며 푼다! $\dfrac{1}{6}$, $\dfrac{1}{6}$, $\dfrac{7}{6}$, $1\dfrac{1}{6}$

답 $1\dfrac{1}{6}$ km

2. 생각하며 푼다! 1, $\dfrac{2}{5}$, $\dfrac{3}{5}$, $\overset{3}{\cancel{15}} \times \dfrac{3}{\cancel{5}}$, 9

답 9명

3. 생각하며 푼다!

예 전체를 1이라고 하면 검은색 바둑돌은 전체의

$1 - \dfrac{5}{11} = \dfrac{6}{11}$입니다.

(검은색 바둑돌 수)$= \overset{2}{\cancel{22}} \times \dfrac{6}{\cancel{11}} = 12$(개)

답 12개

46쪽

1. 생각하며 푼다! $\dfrac{6}{7}$, $\dfrac{24}{7}$, $3\dfrac{3}{7}$

답 $3\dfrac{3}{7}$ m

2. 생각하며 푼다! 야구 경기장, 3, $3\dfrac{1}{4}$, 3, $\dfrac{13}{4}$, $\dfrac{39}{4}$, $9\dfrac{3}{4}$

답 $9\dfrac{3}{4}$ km

3. 생각하며 푼다!

예 (아버지의 몸무게)

$= 40 \times 1\dfrac{4}{5} = \overset{8}{\cancel{40}} \times \dfrac{9}{\cancel{5}} = 72$ (kg)

답 72 kg

47쪽

1. 생각하며 푼다! 50, $\dfrac{5}{6}$ / 1, 5, 2, $\dfrac{5}{2}$, $2\dfrac{1}{2}$

답 $2\dfrac{1}{2}$ km

2. 생각하며 푼다! 45, $1\dfrac{3}{4}$, $1\dfrac{3}{4}$, $\overset{20}{\cancel{80}} \times \dfrac{7}{\cancel{4}}$, 140

답 140 km

3. 생각하며 푼다!

예 1시간 12분 $= 1\dfrac{12}{60}$시간$= 1\dfrac{1}{5}$시간입니다.

(1시간 12분 동안 가는 거리)

$= 75 \times 1\dfrac{1}{5} = \overset{15}{\cancel{75}} \times \dfrac{6}{\cancel{5}} = 90$ (km)

답 90 km

09. (진분수)×(진분수) 문장제

48쪽

1. 생각하며 푼다! $\dfrac{1}{4}$ / (위에서부터) 3, 1, 7, 4, $\dfrac{3}{28}$

   답 $\dfrac{3}{28}$

2. 생각하며 푼다! $\dfrac{4}{9}$, $\dfrac{6}{7}$ / (위에서부터) 4, 2, 3, 7, $\dfrac{8}{21}$

   답 $\dfrac{8}{21}$

3. 생각하며 푼다! $\dfrac{1\times3}{2\times8}$, $\dfrac{3}{16}$, $\dfrac{3}{16}$

   답 $\dfrac{3}{16}$ L

4. 생각하며 푼다! $\dfrac{2\times5}{3\times7}$, $\dfrac{10}{21}$, $\dfrac{10}{21}$

   답 $\dfrac{10}{21}$ m

49쪽

1. 생각하며 푼다! $\dfrac{3}{7}$ / $\dfrac{1}{4}$, $\dfrac{3}{7}$, $\dfrac{3}{28}$

   답 $\dfrac{3}{28}$

2. 생각하며 푼다! $\dfrac{4}{5}$, $\dfrac{1}{3}$ / 나팔꽃을 심을 부분,

   $\dfrac{4}{5}\times\dfrac{1}{3}=\dfrac{4}{15}$

   답 $\dfrac{4}{15}$

3. 생각하며 푼다!

   예 바빠연산법으로 수학을 공부하는 학생은 전체의 $\dfrac{5}{9}$의 $\dfrac{1}{2}$입니다. 따라서 수학을 좋아하는 학생 중 바빠연산법으로 수학을 공부하는 학생은 전체 학생의 $\dfrac{5}{9}\times\dfrac{1}{2}=\dfrac{5}{18}$입니다.

   답 $\dfrac{5}{18}$

50쪽

1. 생각하며 푼다! $\dfrac{3}{4}$, $\dfrac{5}{8}$ / $\dfrac{3}{4}$, $\dfrac{5}{8}$, $\dfrac{15}{32}$

   답 $\dfrac{15}{32}$

2. 생각하며 푼다! $\dfrac{2}{9}$, $\dfrac{7}{9}$ / 오늘 읽은 동화책, $\dfrac{1}{5}$,

   $\dfrac{7}{9}\times\dfrac{1}{5}=\dfrac{7}{45}$

   답 $\dfrac{7}{45}$

3. 생각하며 푼다!

   예 어제 마시고 남은 식혜는 전체의 $1-\dfrac{3}{14}=\dfrac{11}{14}$ 입니다.

   따라서 오늘 마신 식혜는 어제 마시고 남은 나머지의 $\dfrac{2}{9}$이므로 전체의 $\dfrac{11}{\overset{}{\underset{7}{14}}}\times\dfrac{\overset{1}{2}}{9}=\dfrac{11}{63}$입니다.

   답 $\dfrac{11}{63}$

51쪽

1. 생각하며 푼다! $\dfrac{1}{2}$, $\dfrac{7}{15}$, $\dfrac{1}{2}$ / 30, $\dfrac{7}{15}$, $\dfrac{1}{2}$, 7

   답 7명

2. 생각하며 푼다! $\dfrac{7}{12}$, $\dfrac{3}{10}$, 수학을 좋아하는 남학생 수,

   $\dfrac{7}{12}$, $\dfrac{3}{10}$, $\overset{2}{\underset{1}{240}}\times\dfrac{7}{\underset{1}{12}}\times\dfrac{3}{\underset{1}{10}}$, 42

   답 42명

10. (대분수)×(대분수) 문장제

52쪽

1. 생각하며 푼다! 5, 7, $\dfrac{35}{6}$, $5\dfrac{5}{6}$

   답 $5\dfrac{5}{6}$

2. 생각하며 푼다! $5\dfrac{1}{3}$, $2\dfrac{3}{8}$, 3, 19, $\dfrac{38}{3}$, $12\dfrac{2}{3}$

   답 $12\dfrac{2}{3}$

3. 생각하며 푼다! $\dfrac{\overset{23}{69}}{\underset{1}{2}}\times\dfrac{\overset{2}{4}}{\underset{1}{3}}=46$, 46

   답 46 kg

4. 생각하며 푼다!

예 $1\frac{1}{4} \times 2\frac{6}{7} = \frac{5}{4} \times \frac{\overset{5}{\cancel{20}}}{7} = \frac{25}{7} = 3\frac{4}{7}$ 이므 직사각

형의 넓이는 $3\frac{4}{7}\,\text{m}^2$입니다.

답 $3\frac{4}{7}\,\text{m}^2$

53쪽

1. 생각하며 푼다! $2\frac{1}{7}, 2\frac{1}{10}, 15, 21, 9, 4\frac{1}{2}$ /

$4\frac{1}{2}, \frac{9}{2}, \frac{27}{10}, 2\frac{7}{10}$

답 $2\frac{7}{10}\,\text{m}^2$

2. 생각하며 푼다! $3\frac{3}{4}, 1\frac{4}{5}, \frac{15}{4} \times \frac{9}{5}, 27, 6\frac{3}{4}$ /

$6\frac{3}{4} \times \frac{2}{9} = \frac{\overset{3}{\cancel{27}}}{\underset{2}{\cancel{4}}} \times \frac{\overset{1}{\cancel{2}}}{\underset{1}{\cancel{9}}} = \frac{3}{2} = 1\frac{1}{2}$

답 $1\frac{1}{2}\,\text{m}^2$

54쪽

1. 생각하며 푼다! $60\frac{3}{5}, 1\frac{2}{3}, \frac{303}{5}, \frac{5}{3}, 101$

답 $101\,\text{km}$

2. 생각하며 푼다!

예 $70\frac{2}{3} \times 2\frac{1}{2} = \frac{\overset{106}{\cancel{212}}}{3} \times \frac{5}{\underset{1}{\cancel{2}}} = \frac{530}{3}$

$= 176\frac{2}{3}\,(\text{km})$

답 $176\frac{2}{3}\,\text{km}$

3. 생각하며 푼다!

예 1시간 45분 $= 1\frac{45}{60}$시간 $= 1\frac{3}{4}$시간입니다.

(자전거를 타고 갈 수 있는 거리)

$= 12\frac{4}{7} \times 1\frac{3}{4} = \frac{\overset{22}{\cancel{88}}}{\underset{1}{\cancel{7}}} \times \frac{\overset{1}{\cancel{7}}}{\underset{1}{\cancel{4}}} = 22\,(\text{km})$

답 $22\,\text{km}$

55쪽

1. 생각하며 푼다! $5\frac{1}{4}, 1\frac{4}{5}$ / $5\frac{1}{4}, 1\frac{4}{5}, \frac{21}{4}, \frac{9}{5}, \frac{189}{20}$,

$9\frac{9}{20}$

답 $9\frac{9}{20}$

2. 생각하며 푼다! $7\frac{1}{3}, 1\frac{3}{7}$ /

예 $7\frac{1}{3} \times 1\frac{3}{7} = \frac{22}{3} \times \frac{10}{7}$

$= \frac{220}{21} = 10\frac{10}{21}$

답 $10\frac{10}{21}$

3. 생각하며 푼다!

예 가장 큰 대분수는 $5\frac{2}{3}$이고, 가장 작은 대분수는

$2\frac{3}{5}$입니다.

따라서 가장 큰 대분수와 가장 작은 대분수의 곱은

$5\frac{2}{3} \times 2\frac{3}{5} = \frac{17}{3} \times \frac{13}{5} = \frac{221}{15} = 14\frac{11}{15}$입니다.

답 $14\frac{11}{15}$

56쪽

1. 생각하며 푼다! $3\frac{13}{21}, 3\frac{13}{21}, 1\frac{2}{7}, 3\frac{13}{21}, 1\frac{6}{21}, 2\frac{7}{21}$,

$2\frac{1}{3}$ / $2\frac{1}{3}, 1\frac{2}{7}, \frac{7}{3}, \frac{9}{7}, 3$

답 3

2. 생각하며 푼다! $3\frac{3}{8}, 1\frac{23}{24}, 1\frac{23}{24}, 3\frac{3}{8}, 1\frac{23}{24}, 3\frac{9}{24}$,

$32, 8, 5\frac{1}{3}$ /

예 $5\frac{1}{3} \times 3\frac{3}{8} = \frac{\overset{2}{\cancel{16}}}{\underset{1}{\cancel{3}}} \times \frac{\overset{9}{\cancel{27}}}{\underset{1}{\cancel{8}}} = 18$

답 18

57쪽

1. 생각하며 푼다! 35, 3, 8, 3, 8 / 4, 5, 6, 4

   답 4

2. 생각하며 푼다! 63, 6, 3, 6, 3 / 2, 3, 4, 5, 6, 6

   답 6

3. 생각하며 푼다!

   예 $2\frac{1}{5} \times 4 = \frac{11}{5} \times 4 = \frac{44}{5} = 8\frac{4}{5}$ 이므로 $8\frac{4}{5} > □$
   입니다.

   따라서 □ 안에 들어갈 수 있는 자연수는 1, 2, 3,
   4, 5, 6, 7, 8이고 이 중에서 가장 큰 수는 8입니다.

   답 8

58쪽

1. 생각하며 푼다! 16, $3\frac{1}{5}$, 27, $6\frac{3}{4}$ / $3\frac{1}{5}$, $6\frac{3}{4}$ / 4, 5,
   6, 3

   답 3개

2. 생각하며 푼다! 9, 9, $2\frac{1}{4}$ / 17, 85, $7\frac{1}{12}$ / $2\frac{1}{4}$, $7\frac{1}{12}$
   / 3, 4, 5, 6, 7, 5

   답 5개

59쪽

1. 생각하며 푼다! 8, 8, 8 / 2, 3, 4, 5, 6, 7, 7

   답 7

2. 생각하며 푼다! 6, 1, 2, 3, 4, 4

   답 4

3. 생각하며 푼다!

   예 $\frac{1}{8} \times \frac{1}{□} = \frac{1}{8 \times □}$ 이므로 $\frac{1}{8 \times □} > \frac{1}{32}$ 에서
   $8 \times □ < 32$ 입니다.

   따라서 □ 안에 들어갈 수 있는 자연수는 1, 2, 3
   이고 이 중에서 가장 큰 수는 3입니다.

   답 3

60쪽

1. 생각하며 푼다! 5, 2, 9, 9, 5, 9 / 5, 9 / 6, 7, 8

   답 6, 7, 8

2. 생각하며 푼다! $\frac{9}{56}$, $\frac{15}{56}$, $\frac{9}{56}$, $\frac{15}{56}$ / 9, 15 / 10, 11,
   12, 13, 14

   답 10, 11, 12, 13, 14

3. 생각하며 푼다!

   예 $\frac{\overset{1}{\cancel{9}}}{\underset{13}{\cancel{91}}} \times \frac{\overset{2}{\cancel{14}}}{\underset{3}{\cancel{27}}} = \frac{2}{39}$, $\frac{\overset{1}{\cancel{12}}}{\underset{13}{\cancel{65}}} \times \frac{\overset{5}{\cancel{25}}}{\underset{3}{\cancel{36}}} = \frac{5}{39}$ 이므로

   $\frac{2}{39} < \frac{□}{39} < \frac{5}{39}$ 입니다.

   따라서 $2 < □ < 5$ 이므로 □ 안에 들어갈 수 있는
   자연수는 3, 4입니다.

   답 3, 4

61쪽

1. 생각하며 푼다! $4\frac{1}{5}$, $4\frac{1}{5}$ / 1, 2, 3, 3

   답 3개

2. 생각하며 푼다! $6\frac{2}{3}$, $6\frac{2}{3}$ / 1, 2, 3, 4, 5, 6, 6

   답 6개

3. 생각하며 푼다!

   예 $3\frac{2}{7} \times 1\frac{1}{3} = \frac{23}{7} \times \frac{4}{3} = \frac{92}{21} = 4\frac{8}{21}$ 이므로

   $4\frac{8}{21} > □\frac{5}{21}$ 입니다.

   따라서 □ 안에 들어갈 수 있는 자연수는 1, 2, 3,
   4로 모두 4개입니다.

   답 4개

1. 20 m　　2. $87\frac{1}{2}$ km　　3. $\frac{2}{11}$

4. $2\frac{2}{5}$ m²　5. $20\frac{3}{35}$　　6. 7　　7. 5개

2. 1시간 15분$=1\frac{15}{60}$시간$=1\frac{1}{4}$시간입니다.

(1시간 15분 동안 가는 거리)

$=70\times1\frac{1}{4}=\overset{35}{70}\times\frac{5}{\underset{2}{4}}=\frac{175}{2}=87\frac{1}{2}$ (km)

3. 어제 읽고 남은 동화책은 전체의 $1-\frac{3}{11}=\frac{8}{11}$입
니다. 따라서 오늘 읽은 동화책은 어제 읽고 남은 나
머지의 $\frac{1}{4}$이므로 전체의 $\frac{\overset{2}{8}}{11}\times\frac{1}{\underset{1}{4}}=\frac{2}{11}$입니다.

4. (직사각형의 넓이)$=4\frac{1}{2}\times1\frac{1}{3}=\frac{\overset{3}{9}}{\underset{1}{2}}\times\frac{\overset{2}{4}}{\underset{1}{3}}=6$ (m²)

(잘라 낸 부분의 넓이)$=6\times\frac{2}{5}=\frac{12}{5}=2\frac{2}{5}$ (m²)

5. 가장 큰 대분수: $7\frac{2}{5}$, 가장 작은 대분수: $2\frac{5}{7}$

→ $7\frac{2}{5}\times2\frac{5}{7}=\frac{37}{5}\times\frac{19}{7}=\frac{703}{35}=20\frac{3}{35}$

6. 어떤 수를 □라 하면 □$+5\frac{5}{6}=7\frac{1}{30}$이므로

□$=7\frac{1}{30}-5\frac{5}{6}=7\frac{1}{30}-5\frac{25}{30}=6\frac{31}{30}-5\frac{25}{30}$

$=1\frac{6}{30}=1\frac{1}{5}$입니다. 따라서 바르게 계산하면

$1\frac{1}{5}\times5\frac{5}{6}=\frac{\overset{1}{6}}{\underset{1}{5}}\times\frac{\overset{7}{35}}{\underset{1}{6}}=7$입니다.

7. $2\frac{2}{7}\times2\frac{3}{8}=\frac{\overset{2}{16}}{7}\times\frac{19}{\underset{1}{8}}=\frac{38}{7}=5\frac{3}{7}$이므로

$5\frac{3}{7}>\square\frac{1}{7}$입니다. 따라서 □ 안에 들어갈 수 있는
자연수는 1, 2, 3, 4, 5로 모두 5개입니다.

 셋째 마당·합동과 대칭

🐕 12. 합동인 도형 문장제

64쪽

1. 생각하며 푼다! ㄹㅂ, 5
   답 5 cm
2. 생각하며 푼다! ㄴㄱㄷ, 80
   답 80°

65쪽

1. 생각하며 푼다! 같습니다, 8, 6 / ㄹㅁ, 8, 6, 5, 19
   답 19 cm
2. 생각하며 푼다! 길이가 서로 같습니다, ㄹㅂ, 5, ㅂㅁ, 10 / ㄱㄴ, ㄴㄷ, 5+10+7, 22
   답 22 cm

66쪽

1. 생각하며 푼다! ㅂㅁ, 8 / 26, 12, 8, 6
   답 6 cm
2. 생각하며 푼다! 대응변, ㄱㄷ, 5 / ㄹㅁㅂ, ㅁㅂ (또는 ㅂㅁ), 30−5−11, 14
   답 14 cm

67쪽

1. 생각하며 푼다! 45, 180 / 180, 45, 70 / 180, 115, 65
   답 65°
2. 생각하며 푼다! 각각의 대응각의 크기가 서로 같으므로 / ㄱㄴㄷ, 25, 180 / 180, 105, 25 / 180, 130, 50
   답 50°

68쪽

1. 생각하며 푼다! 40, 60, 360 / 360, 135, 40, 60, 125
   답 125°
2. 생각하며 푼다! 각각의 대응각의 크기가 서로 같으므로 / ㄱㄹㄷ, 55, ㄷㄴㄱ, 85, 360 / 360, 55, 85, 120, 100
   답 100°

13. 선대칭도형 문장제

69쪽

1. 생각하며 푼다! ㅂㅁ, 7, 8
   답 7 cm, 8 cm
2. 생각하며 푼다! ㄷㄹㄱ, 90, 180 / 180, 25, 90, 180,
   115, 65
   답 65°

70쪽

1. 생각하며 푼다! 각각의 대응변의 길이 / ㄱㄴ, 13 /
   ㄴㄹ, 12 / 13, 12, 25, 50
   답 50 cm
2. 생각하며 푼다! 각각의 대응변의 길이가 서로 같으므로
   / ㄱㅁ, 3 / ㄱㄴ, 7 / ㄷㅂ, 5 /
   3+7+5, 15, 30
   답 30 cm

71쪽

1. 생각하며 푼다! 6, 13, 4 / 23, 46
   답 46 cm
2. 생각하며 푼다! 각각의 대응변의 길이가 서로 같습니다
   / 8+7+11 / 26, 52
   답 52 cm

72쪽

1. 생각하며 푼다! ㄱㅂ, 7 / 3, 7, 30, 10, 15 / 15, 10,
   5, 5
   답 5 cm
2. 생각하며 푼다! 각각의 대응변의 길이가 서로 같으므로
   / ㄷㄹ, 6 / 예 (■+8+6)×2=46,
   ■+14=23, ■=23−14=9입니다.
   따라서 변 ㄱㅂ은 9 cm입니다.
   답 9 cm

73쪽

1. 생각하며 푼다! 50, 90, 180 / 180, 50, 90 / 180,
   140, 40
   답 40°

2. 생각하며 푼다! 각각의 대응각의 크기가 서로 같으므로
   / ㄹㄷㄴ, 180 / 180, 70, 110, 55
   답 55°

14. 점대칭도형 문장제

74쪽

1. 생각하며 푼다! ㄹ, ㅁ, ㅂ, ㄹㅁㅂ / ㅂㅇ
   답 각 ㄹㅁㅂ, 선분 ㅂㅇ
2. 생각하며 푼다! ㄷㄹ, 7 / ㄷㄴㄱ, 60
   답 7 cm, 60°

75쪽

1. 생각하며 푼다!

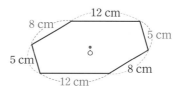

   2 / 5, 8, 25, 50
   답 50 cm
2. 생각하며 푼다!

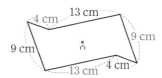

   예 점대칭도형에서 각각의 대응변의 길이가 서로 같
   으므로 둘레는 주어진 각 변의 길이를 2배 하여 구
   합니다.
   (점대칭도형의 둘레)=(13+9+4)×2
   =26×2=52 (cm)
   답 52 cm

76쪽

1. 생각하며 푼다! 5, 8, 5, 40, 80
   답 80 cm^2
2. 생각하며 푼다! 각각의 대응변의 길이가 서로 같으므로
   / ㄹㅁ, 7 / 2, 10, 7, 2 / 35, 70
   답 70 cm^2

1. 생각하며 푼다!   ㅂㄱㄴ, 65 / 360, 360, 140, 65, 80 /
   360, 285, 75

   답   75°

2. 생각하며 푼다!   각각의 대응각의 크기가 서로 같으므로
   / ㅁㅂㄱ, 160 / 네 각의 크기의 합은
   360° / 360°−(85°+160°+30°),
   360°−275°, 85

   답   85°

1. 생각하며 푼다!   ㄹㅇ, 3, 3, 3, 6 / 26, 6, 20 / 20, 40

   답   40 cm

2. 생각하며 푼다!

   예   (선분 ㄹㅇ)=(선분 ㄱㅇ)=5 cm이므로
       (선분 ㄹㄱ)=(선분 ㄹㅇ)+(선분 ㄱㅇ)
                 =5+5=10 (cm)입니다.
       (변 ㄱㄴ)+(변 ㄴㄷ)+(변 ㄷㄹ)
       =(삼각형 ㄱㄴㄷ의 둘레)−(선분 ㄹㄱ)
       =40−10=30 (cm),
       (점대칭도형의 둘레)=30×2=60 (cm)

   답   60 cm

1. 생각하며 푼다!

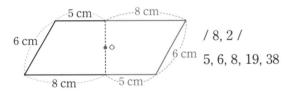

   / 8, 2 /
   5, 6, 8, 19, 38

   답   38 cm

2. 생각하며 푼다!

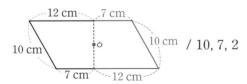

   / 10, 7, 2

   예   (완성한 점대칭도형의 둘레)
       =(12+10+7)×2
       =29×2=58 (cm)

   답   58 cm

 단원평가 **이렇게 나와요!**

1. 30 cm	2. 65°
3. 62 cm	4. 35°
5. 120 cm²	6. 130°

1. (변 ㄱㄴ)=(변 ㄹㅂ)=11 cm,
   (변 ㄴㄷ)=(변 ㅂㅁ)=13 cm,
   (삼각형 ㄱㄴㄷ의 둘레)
   =(변 ㄱㄴ)+(변 ㄴㄷ)+(변 ㄷㄱ)
   =11+13+6=30 (cm)

2. (각 ㅁㅂㄹ)=(각 ㄷㄱㄴ)=40°
   삼각형 ㄹㅁㅂ의 세 각의 크기의 합은 180°입니다.
   (각 ㄹㅁㅂ)=180°−(75°+40°)
             =180°−115°=65°

3. (완성한 선대칭도형의 둘레)
   =(8+11+12)×2
   =31×2=62 (cm)

4. (각 ㄱㄴㄹ)=(각 ㄱㄷㄹ)
   삼각형 ㄱㄴㄷ의 세 각의 크기의 합은 180°입니다.
   (각 ㄱㄴㄹ)=(180°−110°)÷2
             =70°÷2=35°

5. (변 ㅇㅅ)=(변 ㄹㄷ)=6 cm,
   (점대칭도형의 넓이)
   =(직사각형 ㄱㄴㅅㅇ의 넓이)×2
   =(10×6)×2
   =60×2=120 (cm²)

6. (각 ㄴㄱㄹ)=(각 ㅁㄹㄱ)=85°,
   (각 ㄷㄹㄱ)=(각 ㅂㄱㄹ)=30°
   사각형 ㄱㄴㄷㄹ의 네 각의 크기의 합은 360°입니다.
   (각 ㄴㄷㄹ)=360°−(85°+115°+30°)
             =360°−230°=130°

넷째 마당·소수의 곱셈

15. (소수)×(자연수) 문장제

82쪽

1. 생각하며 푼다! $\frac{1}{10}$, 2.4 / $\frac{1}{10}$ / 4, 2.4

   답 2.4

2. 생각하며 푼다! $\frac{1}{100}$, 5.16 / $\frac{1}{100}$ / 3, 5.16

   답 5.16

3. 생각하며 푼다! 4.5, 4.5

   답 4.5 m

4. 생각하며 푼다! 7.2, 7.2

   답 7.2 L

83쪽

1. 생각하며 푼다! 0.3, 8, 2.4

   답 2.4 L

2. 생각하며 푼다! 30, 하루에 뛴 거리, 날수, 0.7, 30, 21

   답 21 km

3. 생각하며 푼다!

   예 2주일은 14일입니다.
   (2주일 동안 소비한 쌀의 양)
   =(하루에 소비한 쌀의 양)×(날수)
   =0.2×14=2.8 (kg)

   답 2.8 kg

84쪽

1. 생각하며 푼다! 3.2, 8, 25.6

   답 25.6 m

2. 생각하며 푼다! 색 테이프 수, 2.85×3, 8.55

   답 8.55 m

3. 생각하며 푼다!

   예 (전체 밀가루의 양)
   =(한 봉지에 들어 있는 밀가루의 양)×(봉지 수)
   =1.25×20=25 (kg)

   답 25 kg

85쪽

1. 생각하며 푼다! 18.5, 18.5, 18.5, 19

   답 19

2. 생각하며 푼다! 10.96, 10.96, 10.96보다 큰 수,
   가장 작은 자연수는 11

   답 11

3. 생각하며 푼다!

   예 4.57×3=13.71이므로 13.71<□에서 □ 안에
   는 13.71보다 큰 수가 들어갈 수 있습니다.
   따라서 □ 안에 들어갈 수 있는 가장 작은 자연수
   는 14입니다.

   답 14

86쪽

1. 생각하며 푼다! 3.2, 3, 9.6 / 9.6, 9.6, 4, 38.4

   답 38.4 cm

2. 생각하며 푼다! 2.7×5, 13.5 / 13.5, 13.5×4, 54

   답 54 cm

3. 생각하며 푼다!

   예 (정사각형의 둘레)=5.4×4=21.6 (cm)
   정삼각형의 한 변의 길이는 21.6 cm입니다.
   (정삼각형의 둘레)=21.6×3=64.8 (cm)

   답 64.8 cm

87쪽

1. 생각하며 푼다! 30, 1, 5, 0.5 / 0.5, 7, 3.5

   답 3.5시간

2. 생각하며 푼다! 15, 1, 25, 0.25 / 날수, 0.25×5, 1.25

   답 1.25시간

3. 생각하며 푼다!

   예 24분=$\frac{24}{60}$시간=$\frac{2}{5}$시간=$\frac{4}{10}$시간=0.4시간
   입니다.
   (공원을 3바퀴 걷는 데 걸린 시간)
   =(한 바퀴 걷는 데 걸린 시간)×(걸은 바퀴 수)
   =0.4×3=1.2(시간)

   답 1.2시간

88쪽

1. 생각하며 푼다! 2.5, 2.5, 3, 7.5

    답 7.5시간

2. 생각하며 푼다! 1.75, 하루에 독서를 한 시간,
    1.75×7, 12.25

    답 12.25시간

3. 생각하며 푼다!

    예 7시간 15분은 7.25시간입니다.

    (5일 동안 잠을 잔 시간)

    =(하루에 잠을 잔 시간)×(날수)

    =7.25×5=36.25(시간)

    답 36.25시간

89쪽

1. 생각하며 푼다! 0.6, 2, 1.2 / 1.2, 15, 18

    답 18 km

2. 생각하며 푼다! 1.2, 3, 3.6 / 하루에 달린 거리,
    3.6×31, 111.6

    답 111.6 km

3. 생각하며 푼다!

    예 (하루에 마신 음료수의 양)

    =(음료수 한 병의 양)×(병 수)

    =0.5×3=1.5 (L)

    (12월 한 달 동안 마신 음료수의 양)

    =(하루에 마신 음료수의 양)×(날수)

    =1.5×31=46.5 (L)

    답 46.5 L

 16. (자연수)×(소수) 문장제

90쪽

1. 생각하며 푼다! $\frac{1}{100}$, 1.61 / $\frac{1}{100}$ / 0.23, 1.61

    답 1.61

2. 생각하며 푼다! $\frac{1}{10}$, 28.8 / $\frac{1}{10}$ / 4.8, 28.8

    답 28.8

3. 생각하며 푼다! 1.17, 1.17

    답 1.17 m

4. 생각하며 푼다! 2.8, 2.8

    답 2.8 L

91쪽

1. 생각하며 푼다! 56, 0.7, 39.2

    답 39.2 kg

2. 생각하며 푼다! 준형, 38, 1.9, 72.2

    답 72.2 kg

3. 생각하며 푼다! 동생, 민지, 40×0.53, 21.2

    답 21.2 kg

4. 생각하며 푼다!

    예 (어머니의 몸무게)=(민석이의 몸무게)×1.25

    =43×1.25

    =53.75 (kg)

    답 53.75 kg

92쪽

1. 생각하며 푼다! 4.2 / $\frac{1}{10}$ / $\frac{1}{10}$, 4.2

    답 4.2

2. 생각하며 푼다! $\frac{1}{100}$ / 0.68 / $\frac{1}{100}$ / $\frac{1}{100}$, 0.68

    답 0.68

3. 생각하며 푼다!

    예 어떤 수를 □라 하면

    □×26=78 ➡ □×0.26=0.78입니다.

    따라서 어떤 수에 0.26을 곱한 값은 78의 $\frac{1}{100}$
    배인 0.78입니다.

    답 0.78

93쪽

1. 생각하며 푼다! 21.5, 24.3, 21.5, 24.3 / 22, 23, 24,
    3

    답 3개

2. 생각하며 푼다! 5.13, 9.56, 5.13, 9.56 / □ 안에 들어
갈 수 있는 자연수는 6, 7, 8, 9로 모두
4개

답 4개

3. 생각하며 푼다!

예 $6 \times 2.12 = 12.72$, $2 \times 8.57 = 17.14$에서
$12.72 < □ < 17.14$입니다.
따라서 □ 안에 들어갈 수 있는 자연수는 13, 14,
15, 16, 17로 모두 5개입니다.

답 5개

94쪽

1. 생각하며 푼다! 0.76, 2, 0.76, 1.52

답 1.52 kg

2. 생각하며 푼다! 0.38, 1, 3, 0.38, 1.14

답 1.14 kg

3. 생각하며 푼다!

예 cm 단위를 m 단위로 바꾸면
143 cm $= 1.43$ m입니다.
(철근 143 cm의 무게)
$=$(철근 1 m의 무게)$\times$(m 단위의 철근의 길이)
$= 4 \times 1.43 = 5.72$ (kg)

답 5.72 kg

95쪽

1. 생각하며 푼다! 30, 21.8, 654 / 654, 0.3, 196.2

답 196.2 cm^2

2. 생각하며 푼다! 5×4.6, 23 / 전체 밭의 넓이,
23×0.72, 16.56

답 16.56 m^2

3. 생각하며 푼다!

예 (세로)$=$(가로)$\times 0.3$
$= 15 \times 0.3 = 4.5$ (cm)
(직사각형의 넓이)$=$(가로)$\times$(세로)
$= 15 \times 4.5 = 67.5$ (cm^2)

답 67.5 cm^2

---

17. (소수)×(소수) 문장제

96쪽

1. 생각하며 푼다! $\dfrac{1}{100}$, 0.35 / $\dfrac{1}{100}$ / 0.7, 0.5, 0.35

답 0.35

2. 생각하며 푼다! $\dfrac{1}{1000}$, 0.648 / $\dfrac{1}{100}$, $\dfrac{1}{1000}$ / 3.6,
0.18, 0.648

답 0.648

3. 생각하며 푼다! 0.36, 0.36

답 0.36 L

4. 생각하며 푼다! 3.328, 3.328

답 3.328 kg

97쪽

1. 생각하며 푼다! 0.6, 0.34, 0.204

답 0.204 m^2

2. 생각하며 푼다! 한 변의 길이, 8.4, 8.4, 70.56

답 70.56 m^2

3. 생각하며 푼다!

예 (직사각형의 넓이)$=$(가로)$\times$(세로)
$= 2.7 \times 0.63$
$= 1.701$ (m^2)

답 1.701 m^2

4. 생각하며 푼다! 4.1×2.3, 9.43, 3.1×3.1, 9.61 /
정사각형, 9.61, 9.43, 0.18

답 정사각형, 0.18 m^2

98쪽

1. 생각하며 푼다! 0.54, 1.8, 0.54, 0.972

답 0.972 kg

2. 생각하며 푼다! 3.65, 1, 4.2×3.65, 15.33

답 15.33 kg

3. 생각하며 푼다!

　예 cm 단위를 m 단위로 바꾸면 240 cm=2.4 m
　　입니다.
　　(철근 240 cm의 무게)
　　=(철근 1 m의 무게)×(m 단위의 철근의 길이)
　　=5.1×2.4=12.24 (kg)

　답　12.24 kg

99쪽

1. 생각하며 푼다!　0.75, 12.8, 0.75, 9.6

　답　9.6 km

2. 생각하며 푼다!　0.2, 71.5×0.2, 14.3

　답　14.3 km

3. 생각하며 푼다!

　예 48분을 소수로 나타내면

　　48분=$\frac{48}{60}$시간=$\frac{8}{10}$시간=0.8시간입니다.

　　(기차가 48분 동안 달리는 거리)
　　=(한 시간 동안 달리는 거리)×(달리는 시간)
　　=110.5×0.8=88.4 (km)

　답　88.4 km

100쪽

1. 생각하며 푼다!　2.4, 1.44 / 1.44, 0.864

　답　0.864 m

2. 생각하며 푼다!　0.5, 3.8×0.5, 1.9 / 0.5, 1.9×0.5,
　　　　　　　　　0.95

　답　0.95 m

3. 생각하며 푼다!

　예 (첫 번째로 튀어 오른 높이)
　　=(처음 떨어진 높이)×0.7
　　=5.4×0.7=3.78 (m)
　　(두 번째로 튀어 오른 높이)
　　=(두 번째로 떨어진 높이)×0.7
　　=3.78×0.7=2.646 (m)

　답　2.646 m

101쪽

1. 생각하며 푼다!　54.5, 0.8, 43.6 / 54.5, 1.4, 76.3 /
　　　　　　　　　76.3, 43.6, 32.7

　답　32.7 kg

2. 생각하며 푼다!　동생의 몸무게, 30.5×1.5, 45.75 /
　　　　　　　　　지영이의 몸무게, 45.75×1.8, 82.35,
　　　　　　　　　82.35−45.75, 36.6

　답　36.6 kg

18. 곱의 소수점의 위치 문장제

102쪽

1. 생각하며 푼다!　한, 3.5, 두, 35, 세, 350

　답　3.5 kg, 35 kg, 350 kg

2. 생각하며 푼다!　한, 28, 두, 2.8, 세, 0.28

　답　28 L, 2.8 L, 0.28 L

3. 생각하며 푼다!　93.6, 93.6

　답　93.6 m

4. 생각하며 푼다!　0.407, 0.407

　답　0.407 km

103쪽

1. 생각하며 푼다!　154, 154 / 1, 154, 1.54

　답　1.54 m

2. 생각하며 푼다!　100, 2360, 2360 / 1, 2360, 23.6

　답　23.6 m

3. 생각하며 푼다!

　예 9.8의 1000배는 9.8×1000=9800이므로 철사
　　의 길이는 9800 cm입니다.
　　따라서 100 cm=1 m이므로 9800 cm=98 m
　　입니다.

　답　98 m

1. 생각하며 푼다! 두, 세 / 오른, 한, 10

   답 10

2. 생각하며 푼다! 두, 세 / 왼, 두, 0.01

   답 0.01

1. 생각하며 푼다! 오른, 오른, 1.4

   답 1.4

2. 생각하며 푼다! 두, 소수점이 오른쪽으로 두 칸 옮겨진
   수 / 왼쪽으로 두 칸 옮긴 수인 0.29

   답 0.29

3. 생각하며 푼다!

   예 어떤 수에 1000을 곱하면 소수점이 오른쪽으로
   세 칸 옮겨집니다.
   어떤 수에서 소수점이 오른쪽으로 세 칸 옮겨진
   수가 370이므로 어떤 수는 370에서 소수점을 왼
   쪽으로 세 칸 옮긴 수인 0.37입니다.

   답 0.37

1. 생각하며 푼다! 왼, 왼, 9

   답 9

2. 생각하며 푼다! 두, 소수점이 왼쪽으로 두 칸 옮겨진 수
   / 오른쪽으로 두 칸 옮긴 수인 58

   답 58

3. 생각하며 푼다!

   예 어떤 수에 0.001을 곱하면 소수점이 왼쪽으로
   세 칸 옮겨집니다.
   어떤 수에서 소수점이 왼쪽으로 세 칸 옮겨진 수
   가 6.27이므로 어떤 수는 6.27에서 소수점을 오
   른쪽으로 세 칸 옮긴 수인 6270입니다.

   답 6270

19. 소수의 곱셈 활용 문장제

1. 생각하며 푼다! 0.86, 0.86, 0.36, 0.5 / 0.5, 0.36,
   0.18

   답 0.18

2. 생각하며 푼다! 3.5, 5.7, 5.7, 3.5, 9.2, 9.2×3.5,
   32.2

   답 32.2

3. 생각하며 푼다!

   예 어떤 수를 □라 하면
   □+7.6=11.3, □=11.3−7.6=3.7입니다.
   따라서 바르게 계산하면 3.7×7.6=28.12입니다.

   답 28.12

1. 생각하며 푼다! 5, 4, 3, 2, 5, 4 / 5, 2, 4, 3, 22.36 /
   5, 3, 4, 2, 22.26 / 5, 2, 4, 3, 22.36

   답 5.2×4.3=22.36

2. 생각하며 푼다! 9, 6, 4, 1, 9, 6 /
   예 만들 수 있는 곱셈식과 곱을 구하면
   9.1×6.4=58.24, 9.4×6.1=57.34입니다.
   따라서 곱이 가장 크게 되는 곱셈식은
   9.1×6.4=58.24입니다.

   답 9.1×6.4=58.24

1. 생각하며 푼다! 1, 2, 3, 7, 1, 2 / 1, 3, 2, 7, 3.51 / 1,
   7, 2, 3, 3.91 / 1, 3, 2, 7, 3.51

   답 1.3×2.7=3.51

2. 생각하며 푼다! 3, 4, 6, 9, 3, 4 /
   예 만들 수 있는 곱셈식과 곱을 구하면
   3.6×4.9=17.64, 3.9×4.6=17.94입니다.
   따라서 곱이 가장 작게 되는 곱셈식은
   3.6×4.9=17.64입니다.

   답 3.6×4.9=17.64

1. 8.4 km   2. 12시간
3. 53.6 kg   4. 7개
5. 1.71 m^2 6. 33.12 kg
7. 2.592 m   8. $9.2 \times 7.5 = 69$

1. (일주일 동안 걸은 거리)=(하루에 걸은 거리)×(날수)
　　　　　　　　　　$=1.2 \times 7 = 8.4$ (km)

2. 24분=$\dfrac{24}{60}$시간=$\dfrac{2}{5}$시간=$\dfrac{4}{10}$시간=0.4시간입니다.

   (11월 한 달 동안 공부한 시간)
   =(하루에 공부한 시간)×(날수)
   =$0.4 \times 30 = 12$(시간)

3. (어머니의 몸무게)=(서윤이의 몸무게)×1.34
　　　　　　　　　$=40 \times 1.34 = 53.6$ (kg)

4. $4 \times 3.9 = 15.6$, $6 \times 3.8 = 22.8$에서
   $15.6 < \square < 22.8$입니다.
   따라서 □ 안에 들어갈 수 있는 자연수는 16, 17, 18, 19, 20, 21, 22로 모두 7개입니다.

5. (직사각형의 넓이)=$1.8 \times 0.95 = 1.71$ (m^2)

6. 720 cm=7.2 m
   (철근 720 cm의 무게)
   =(철근 1 m의 무게)×(m 단위의 철근의 길이)
   =$4.6 \times 7.2 = 33.12$ (kg)

7. (첫 번째로 튀어 오른 높이)
   =(처음 떨어진 높이)×0.72
   =$5 \times 0.72 = 3.6$ (m)
   (두 번째로 튀어 오른 높이)
   =(두 번째로 떨어진 높이)×0.72
   =$3.6 \times 0.72 = 2.592$ (m)

8. 만들 수 있는 곱셈식과 곱을 구하면 $9.2 \times 7.5 = 69$, $9.5 \times 7.2 = 68.4$입니다. 이 중에서 곱이 가장 크게 되는 곱셈식은 $9.2 \times 7.5 = 69$입니다.

 다섯째 마당 · 직육면체

🐕 20. 직육면체와 정육면체 문장제

112쪽

1. 생각하며 푼다! 6, 12, 8 / 6, 12, 8, 26
  답 26개

2. 생각하며 푼다! 4, 4, 4
  답 4개, 4개, 4개

3. 생각하며 푼다! 6, 12, 12
  답 12개

113쪽

1. 생각하며 푼다! 5, 4 / 5, 4, 15, 4, 60
  답 60 cm

2. 생각하며 푼다! 4, 6, 4 / 9＋4＋6, 4, 19, 4, 76
  답 76 cm

3. 생각하며 푼다!
  예 직육면체에는 길이가 10 cm, 7 cm, 4 cm인 모서리가 각각 4개씩 있습니다.
  (모든 모서리 길이의 합)
  　=$(10+7+4) \times 4 = 21 \times 4 = 84$ (cm)
  답 84 cm

114쪽

1. 생각하며 푼다! 12, 5, 12, 60
  답 60 cm

2. 생각하며 푼다! 12개의 모서리, 한 모서리의 길이,
  　　　　　　　4×12, 48
  답 48 cm

3. 생각하며 푼다!
  예 정육면체는 12개의 모서리의 길이가 모두 같습니다.
  따라서 모든 모서리 길이의 합은
  (한 모서리의 길이)×(모서리의 수)
  =$7 \times 12 = 84$ (cm)입니다.
  답 84 cm

1. 생각하며 푼다! 6, 3 / 7, 6, 16, 48

    답 48 cm

2. 생각하며 푼다! 12, 6, 9 / 6, 9, 54

    답 54 cm

3. 생각하며 푼다!

    예 직육면체에서 보이는 모서리는 7 cm, 10 cm,

    5 cm인 모서리가 각각 3개씩 있습니다.

    따라서 보이는 모서리 길이의 합은

    $(7+10+5) \times 3 = 22 \times 3 = 66$ (cm)입니다.

    답 66 cm

116쪽

1. 생각하며 푼다! 5, 1 / 4, 5, 16

    답 16 cm

2. 생각하며 푼다! 12, 7, 3 / 7, 3, 21

    답 21 cm

3. 생각하며 푼다!

    예 직육면체에서 보이지 않는 모서리는 9 cm,

    5 cm, 11 cm인 모서리가 각각 1개씩 있습니다.

    따라서 보이지 않는 모서리 길이의 합은

    $9+5+11 = 25$ (cm)입니다.

    답 25 cm

117쪽

1. 생각하며 푼다! 6, 4 / 6, 4, 10, 20

    답 20 cm

2. 생각하며 푼다! 색칠한, 3, 9 / 3+9, 2, 12, 2, 24

    답 24 cm

3. 생각하며 푼다!

    예 색칠한 면과 평행한 면의 네 변의 길이의 합은 색

    칠한 면의 네 변의 길이의 합과 같습니다.

    따라서 색칠한 면은 가로가 13 cm, 세로가 5 cm

    인 직사각형이므로

    $(13+5) \times 2 = 18 \times 2 = 36$ (cm)입니다.

    답 36 cm

 21. 직육면체와 정육면체의 활용 문장제

118쪽

1. 생각하며 푼다! 12 / 36, 12, 3

    답 3 cm

2. 생각하며 푼다! 12, 같습니다 / 모든 모서리 길이의 합,

    $96 \div 12$, 8

    답 8 cm

3. 생각하며 푼다!

    예 정육면체는 12개의 모서리의 길이가 모두 같습니다.

    (한 모서리의 길이)

    =(모든 모서리 길이의 합)÷(모서리의 수)

    =$84 \div 12 = 7$ (cm)

    답 7 cm

119쪽

1. 생각하며 푼다! 4, 4 / 5, 4, 4, 12, 4, 48 / 48, 48, 12, 4

    답 4 cm

2. 생각하며 푼다! 6 cm, 4 cm, 8 cm, 4개씩 있습니다 /

    $6+4+8$, 4, 18, 4, 72 / 72, 모서리의

    수, $72 \div 12$, 6

    답 6 cm

120쪽

1. 생각하며 푼다! 60, 12, 5 / 5, 5, 4, 20

    답 20 cm

2. 생각하며 푼다! 한 모서리의 길이, $120 \div 12$, 10 /

    10 cm인 정사각형 / 10, 10, 100

    답 100 cm²

3. 생각하며 푼다!

    예 (한 모서리의 길이)

    =(모든 모서리 길이의 합)÷(모서리의 수)

    =$108 \div 12 = 9$ (cm)

    정육면체의 한 면은 한 변의 길이가 9 cm인 정

    사각형입니다.

    (정육면체 한 면의 넓이)

    =$9 \times 9 = 81$ (cm²)

    답 81 cm²

1. 생각하며 푼다! 4, 4, 40, 4, 10, 3

   답 3

   다른 방법으로도 생각하며 푼다! 4, 4, 4, 28 / 28, 12 / 12, 3

   답 3

2. 생각하며 푼다! 3 cm인 모서리가 각각 4개 / 5, 3, 56,

   5, 3, 14, 6

   답 6

 단원평가 **이렇게 나와요!**   122쪽

1. 80 cm	2. 96 cm
3. 20 cm	4. 6 cm
5. 4 cm	6. 144 cm²

1. $(10+6+4)×4=20×4=80$ (cm)

2. $8×12=96$ (cm)

3. 직육면체에서 보이지 않는 모서리는 5 cm, 9 cm,
   6 cm인 모서리가 각각 1개씩 있습니다.
   따라서 보이지 않는 모서리 길이의 합은
   $5+9+6=20$ (cm)입니다.

4. (한 모서리의 길이)
   =(모든 모서리 길이의 합)÷(모서리의 수)
   =$72÷12=6$ (cm)

5. (직육면체에서 모든 모서리 길이의 합)
   =$(5+3+4)×4=12×4=48$ (cm)
   정육면체에서 모든 모서리 길이의 합은 48 cm입니다.
   (정육면체에서 한 모서리의 길이)
   =(모든 모서리 길이의 합)÷(모서리의 수)
   =$48÷12=4$ (cm)

6. (한 모서리의 길이)
   =(모든 모서리 길이의 합)÷(모서리의 수)
   =$144÷12=12$ (cm)
   정육면체의 한 면은 한 변의 길이가 12 cm인 정사
   각형입니다.
   (정육면체의 한 면의 넓이)
   =(한 변의 길이)×(한 변의 길이)
   =$12×12=144$ (cm²)

 여섯째 마당·평균과 가능성

22. 평균 구하기 문장제

124쪽

1. 생각하며 푼다! 1, 3, 5, 7, 9 / 1, 3, 5, 7, 9, 5 / 25, 5,
   5

   답 5

2. 생각하며 푼다! 7, 11, 13, 10, 19, 5, 60÷5, 12 /
   13, 19

   답 13, 19

3. 생각하며 푼다! 30, 38, 52, 40, 4 / 160÷4, 40, 40

   답 40개

125쪽

1. 생각하며 푼다! 14, 12, 15, 19, 4 / 60, 4, 15

   답 15번

2. 생각하며 푼다! 윗몸 말아 올리기 기록의 합 / 25, 31,
   26, 34, 4 / 116÷4, 29

   답 29회

3. 생각하며 푼다!

   예 (평균)
   =(훌라후프 돌리기 기록의 합)÷(모둠원 수)
   =$(45+55+37+63)÷4=200÷4=50$(번)

   답 50번

126쪽

1. 생각하며 푼다! 74, 53, 38, 3 / 165, 3, 55

   답 55 kg

2. 생각하며 푼다! 92, 88, 76, 84, 4 / 340÷4, 85

   답 85점

3. 생각하며 푼다!

   예 (평균)=(반별 학생 수의 합)÷(반 수)
   =$(31+27+29+28+25)÷5$
   =$140÷5=28$(명)

   답 28명

1. 생각하며 푼다! 7, 11, 6, 9, 5, 6, 8, 8 / 56, 8, 7 /
   7, 11, 9, 8, 3

   답 3명

2. 생각하며 푼다! 135＋145＋130＋140＋146＋150,
   6 / 846÷6, 141 / 141, 135 cm,
   130 cm, 140 cm, 3

   답 3명

1. 생각하며 푼다! 34, 42, 37, 39, 4 / 152, 4, 38 / 38,
   정민, 수진

   답 정민, 수진

2. 생각하며 푼다! 80＋84＋90＋70, 4 / 324÷4, 81 /
   81, 수학, 사회

   답 수학, 사회

1. 생각하며 푼다! 76, 86, 90, 84, 4 / 336, 4, 84 /
   82＋78＋76＋88, 4 / 324÷4, 81,
   민영

   답 민영

2. 생각하며 푼다!

   예 (영서의 숙제 시간의 평균)

   ＝(숙제 시간의 합)÷(날수)

   ＝(23＋18＋27＋35＋22)÷5

   ＝125÷5＝25(분)

   (준하의 숙제 시간의 평균)

   ＝(숙제 시간의 합)÷(날수)

   ＝(32＋24＋31＋16＋27)÷5

   ＝130÷5＝26(분)

   따라서 숙제 시간의 평균이 더 긴 사람은 준하입
   니다.

   답 준하

1. 생각하며 푼다! 64, 4, 16 / 독서 시간의 합, 학생 수,
   70÷5, 14, 1

   답 모둠 1

2. 생각하며 푼다!

   예 ＝48÷4＝12 (kg)

   (성현이네 가족이 딴 딸기 양의 평균)

   ＝(딴 딸기 양의 합)÷(가족 수)

   ＝42÷3＝14 (kg)

   따라서 딴 딸기 양의 평균이 더 많은 가족은 성현
   이네 가족입니다.

   답 성현이네 가족

1. 생각하며 푼다! 60, 60, 1 / 24, 12, 2 / 서준, 1

   답 서준, 1개

2. 생각하며 푼다! 42÷6, 7 / 40÷5, 8 /
   예 경석이가 1 km 더 간 셈입니다

   답 경석, 1 km

3. 생각하며 푼다!

   예 (여진이가 하루 동안 읽은 동화책 쪽수의 평균)

   ＝75÷5＝15(쪽)

   (서현이가 하루 동안 읽은 동화책 쪽수의 평균)

   ＝96÷8＝12(쪽)

   따라서 하루 동안 여진이가 동화책을 3쪽 더 읽
   은 셈입니다.

   답 여진, 3쪽

23. 평균을 이용하여 해결하기 문장제

1. 생각하며 푼다! 평균 / 평균, 12, 36

   답 36

2. 생각하며 푼다! 25, 4, 100 / 100, 100, 17, 31, 100,
   71, 29

   답 29

3. 생각하며 푼다! 37, 2, 74

    답 74 cm

1. 생각하며 푼다! 22, 6, 132

    답 132번

2. 생각하며 푼다! 학생 수, 140, 3, 420

    답 420 cm

3. 생각하며 푼다! 선풍기 수의 합, 평균, 172×5, 860

    답 860대

1. 생각하며 푼다! 14, 25, 14, 350

    답 350개

2. 생각하며 푼다! 30, 줄넘기 기록의 합, 날수, 72×30, 2160

    답 2160번

3. 생각하며 푼다!

    예 1년은 12개월입니다.

    (저금한 돈의 합)=(평균)×(개월 수)

    $\qquad = 2000 \times 12 = 24000$(원)

    답 24000원

1. 생각하며 푼다! 20, 4, 80 / 80, 18, 21, 19 / 80, 58, 22

    답 22초

2. 생각하며 푼다! 평균, 230×4, 920 / 사과 수확량의 합, 920, 185, 250, 225 / $920 - 660$, 260

    답 260 kg

1. 생각하며 푼다! 80×5, 400 / 400, $70 + 82 + 78 + 86$ / $400 - 316$, 84

    답 84점

2. 생각하며 푼다!

    예 (5학년 학생 수의 합)

    $=$(평균)×(반 수)

    $=25 \times 5 = 125$(명)

    (1반 학생 수)

    $=$(5학년 학생 수의 합)

    $\quad -$(2반부터 5반까지의 학생 수의 합)

    $=125 - (27 + 28 + 21 + 26)$

    $=125 - 102 = 23$(명)

    답 23명

1. 생각하며 푼다! 60, 3, 180 / 61, 4, 244 / 244, 180, 64

    답 64번

2. 생각하며 푼다! 28, 4, 112 / 금요일까지 수학 공부를 한 시간의 합, 30×5, 150 / 예 수학 공부를 한 시간은 $150 - 112 = 38$(분)이어야 합니다

    답 38분

1. 생각하며 푼다! 36, 2, 72 / 72, 39, 111 / 111, 3, 37

    답 37 kg

2. 생각하며 푼다! 78×3, 234 / $234 + 86$, 320 / $320 \div 4$, 80

    답 80점

3. 생각하며 푼다!

    예 (5학년까지 학생 수의 합)

    $=$(평균)×(학년 수)

    $=120 \times 5 = 600$(명)

    (6학년까지 학생 수의 합)

    $=600 + 108 = 708$(명)

    (6학년까지 한 학년당 학생 수의 평균)

    $=$(6학년까지 학생 수의 합)÷(학년 수)

    $=708 \div 6 = 118$(명)

    답 118명

1. 생각하며 푼다! 40, 6, 240 / 35, 4, 140 / 240, 140, 380 / 6, 4, 10 / 380, 10, 38

   답 38 kg

2. 생각하며 푼다! 32, 10, 320 / 12×15, 180 / 320＋180, 500 / 10＋15, 25 / 500÷25, 20

   답 20권

24. 일이 일어날 가능성 문장제

140쪽

1. (1) 확실하다, 1에 ○표

   (2) 불가능하다, 0에 ○표

2. 생각하며 푼다! 숫자 / 반반이다, $\frac{1}{2}$ / 반반이다, $\frac{1}{2}$

   답 $\frac{1}{2}$, $\frac{1}{2}$

141쪽

1. 생각하며 푼다! 흰색, 확실하다, 1

   답 1

2. 생각하며 푼다! 검은색, 불가능하다, 0

   답 0

3. 생각하며 푼다! 빨간색, 예 확실하다이며, 수로 표현하면 1입니다

   답 1

4. 생각하며 푼다! 주황색, 예 불가능하다이며, 수로 표현하면 0입니다

   답 0

142쪽

1. 생각하며 푼다! 확실하다, 1

   답 1

2. 생각하며 푼다! 반반이다, $\frac{1}{2}$

   답 $\frac{1}{2}$

3. 생각하며 푼다! 초록색, 예 반반이다이며, 가능성을 수로 표현하면 $\frac{1}{2}$입니다

   답 $\frac{1}{2}$

143쪽

1. 생각하며 푼다! 2, 6, 2 / 반반이다, 2, $\frac{1}{2}$

   답 $\frac{1}{2}$

2. 생각하며 푼다! 6, 3 / 당첨 제비가 아닐 가능성, 반반이다, 3, $\frac{1}{2}$

   답 $\frac{1}{2}$

3. 생각하며 푼다!

   예 제비 8개 중 당첨 제비는 4개입니다.
   따라서 뽑은 제비가 당첨 제비일 가능성은 반반이다이며, 가능성을 수로 표현하면 $\frac{4}{8}=\frac{1}{2}$입니다.

   답 $\frac{1}{2}$

144쪽

1. 생각하며 푼다! 4, 5, 6 / 확실하다, 1

   답 1

2. 생각하며 푼다! 1, 2, 3, 4, 5, 6, 7 이상 / 불가능하다, 0

   답 0

3. 생각하며 푼다!

   예 4, 5, 6으로 3가지입니다.
   따라서 주사위의 눈의 수가 4 이상일 가능성은 반반이다이며, 가능성을 수로 표현하면 $\frac{3}{6}=\frac{1}{2}$ 입니다.

   답 $\frac{1}{2}$

1. 생각하며 푼다! 2, 4, 3 / 반반이다, 3, $\frac{1}{2}$

   답 $\frac{1}{2}$

2. 생각하며 푼다! 1, 2, 4, 8, 4 / 반반이다, 4, $\frac{1}{2}$

   답 $\frac{1}{2}$

3. 생각하며 푼다!

   예 1부터 10까지의 수 중에서 2의 배수는 2, 4, 6, 8, 10으로 5장입니다.
   따라서 꺼낸 카드의 수가 2의 배수일 가능성은 반반이다이며, 가능성을 수로 표현하면 $\frac{5}{10}=\frac{1}{2}$ 입니다.

   답 $\frac{1}{2}$

단원평가 이렇게 나와요! 146쪽

1. 17번	2. 국어, 과학
3. 모둠 1	4. 156 kg
5. 1	6. $\frac{1}{2}$
7. 0	

1. (평균)＝(단체 줄넘기 기록의 합)÷(횟수)
   ＝(17＋21＋16＋14)÷4
   ＝68÷4＝17(번)

2. (평균)＝(92＋86＋80＋90)÷4
   ＝348÷4＝87(점)
   따라서 단원평가 점수가 평균(87점)보다 높은 과목은 국어(92점), 과학(90점)입니다.

3. (모둠 1의 독서 시간의 평균)
   ＝(독서 시간의 합)÷(학생 수)
   ＝210÷5＝42(분)
   (모둠 2의 독서 시간의 평균)
   ＝(독서 시간의 합)÷(학생 수)
   ＝246÷6＝41(분)
   따라서 42분＞41분이므로 독서 시간의 평균이 더 긴 모둠은 모둠 1입니다.

4. (몸무게의 합)＝(평균)×(학생 수)
   ＝39×4＝156 (kg)

5. 주머니 속에는 노란색 구슬만 있으므로 꺼낸 구슬이 노란색 구슬일 가능성은 확실하다이며, 가능성을 수로 표현하면 1입니다.

6. 제비 4개 중 당첨 제비가 아닌 제비는 4－2＝2(개) 입니다.
   따라서 당첨 제비가 아닐 가능성은 반반이다이며, 가능성을 수로 표현하면 $\frac{2}{4}=\frac{1}{2}$입니다.

7. 필통 속에는 초록색 연필이 없으므로 연필 1자루를 꺼냈을 때 꺼낸 연필이 초록색 연필일 가능성은 불가능하다이며, 가능성을 수로 표현하면 0입니다.

여기까지 온 바빠 친구들! 정말 대단해요~ 6학년 때도 다시 만나요!